suncolor

[Chat GPT]

最強實戰工作術

90⁺提問模組，速升八大職能力
每天只上半天班

日本第一 ChatGPT 工作術職人 **池田朋弘**──著　　許郁文──譯

suncolor
三采文化

9 成工作，讓 AI 幫你做

在改革工作方式的聲浪逐漸高漲之中，越來越多人希望工時不要過長，同時提高生產力和找到工作價值。在勞動時間有限的情況下，工作內容卻越來越專業，越來越複雜，環境變化也越來越激烈，這正是現代人的最佳職場寫照。

大家是否覺得每天都要完成各種工作，又得與時間賽跑很辛苦呢？

- 企業經營、尋找新的合作案與顧客需求的研究工作
- 撰寫新企劃與尋找靈感
- 數據計畫的提案
- 建立業務分析、提升工時效率的機制
- 每天撰寫商業文書、檢查與修改內容
- 從外國收集資訊、翻譯與檢閱外文

上述這些工作都有機會利用 AI 工具進行革新。透過 AI 可有效節省時間與勞力，提升工作效率與品質，做到勞動力改革。

在眾多 AI 工具中，最引人注意的莫過於生成式 AI 的

「ChatGPT」。一如比爾・蓋茲所說「在我的人生中，這是繼 GUI（圖形使用者介面）之後的第二次革命」，某項研究指出「ChatGPT 將在八成的業界中，對 10% 的業務造成影響，有兩成的業界則有 50% 的業務會被影響」，可見 AI 很有可能改變人類的工作模式。

ChatGPT 於 2022 年 11 月推出，不到一年，ChatGPT（與其他生成式 AI 技術）就應用於實務上，也締造了以下成果。

- 撰寫文章的效率提升 **1.6 倍**，內容品質也提升不少
- 客服支援的速度快了 **1.3 倍**，顧客評價也提升不少
- 業務流程的生產力提升 **3 倍**
- 傳統需要五天才能完成的工作，現在只需要半天就能完成

不過，也聽到了類似這類負面聲音。

- **ChatGPT** 好像很厲害，但不知道具體能做什麼
- 我試用了 **ChatGPT**，但只得到千篇一律的答案，我真的很失望
- **ChatGPT** 也會給我錯誤答案，所以不能相信

之所以會出現這些抱怨，是因為還不知道 ChatGPT 能應用在哪些工作。本書的目的就是希望幫助大家了解

ChatGPT 的應用場景與方法，讓更多人游刃有餘地提升工作生產力。

本書不是常見的 ChatGPT 使用手冊，而是講解在工作業務中實際應用 ChatGPT 的方法。目前的 ChatGPT 雖然有許多值得應用的場景，卻還有許多不夠成熟的部分。

為了滿足大家的期待，也為了幫助大家順利應用 ChatGPT，每一章開頭都會先整理「工作課題」→「ChatGPT 的工作價值」→「ChatGPT 辦不到的事」，再介紹具體的應用方法。

至今我創立過 8 家公司，其中一家完全採取遠距工作的模式，成功讓公司員工成長至 50 名員工的規模，也以 M&A 的方式成為東證 PRIME 上市公司 Members 的集團公司，因此於 2021 年 3 月底時成為 Members 的執行董事。

從我的創業經驗來看，我認為接下來將是遠端時代（終身雇用制消失，自律分散型的新型工作方式將成為主流），所以便於 2022 年 1 月創立了 YouTube 頻道「遠端工作研究所」，介紹遠端時代的工作模式與溝通方式。

在 2023 年 1 月介紹 ChatGPT 之後，得到了許多迴響，之後也不斷介紹生成式 AI 的相關資訊，讓大家了解這項在遠端時代不可或缺的工具與社會趨勢。在 2023 年 1 月時，頻道訂閱者人數才 6,000 人左右，但是到了 2023 年 6 月之後，訂閱人數便突破了 5.5 萬人。

許多上市企業以及全國各地的經營者不斷地透過 YouTube 詢問，我也舉辦了以「ChatGPT 的職場應用」為

遠端工作研究所
https://www.youtube.com/@remote-work/featured

主題的研討會。除了討論之外，也針對業務流程提出了應用 ChatGPT 的方法，或是將這些方法整理成研修課程，與工程師一起製作商品，在短時間之內嘗試了各種實際應用 ChatGPT 的方法。

為了讓一般的上班族也能應用 ChatGPT，我將這些實際應用的經驗整理成本書。這是一個進化快速的領域，所以本書介紹的只是「現階段最佳的實踐方式」，但願本書介紹的思維與技巧能助大家的事業與業務助一臂之力。

購書讀者限定特典「ChatGPT 提示詞大全」

備註

- · 本書介紹的提示詞（寫給 ChatGPT 的問題或請求協助的文字）檔案 （PDF 格式）可免費下載。

- · 本書介紹的 ChatGPT 回答都是撰寫原稿之際的內容。由於生成式 AI「**在 我們每次提問與尋求協助時，都會提供不一樣的答案**」，這點務必請大家 見諒。

- · 本書介紹的商品名稱或是商標都屬於各家製造商。

- · 本書保留原日文書的畫面截圖，完整呈現實際操作 ChatGPT 後的結果。 本書重點在如何向 ChatGPT 提問。

第 3 章　〈基礎篇 4〉
透過 ChatGPT 收集資訊 & 研究

〈應用篇 1〉
第 6 章
業務 & 行銷

第 7 章
〈應用篇 2〉
Excel& 試算表

第 8 章
〈應用篇 3〉
英語學習

序章

ChatGPT
簡介

何謂 ChatGPT？

ChatGPT 是 OpenAI（人工智慧研究所）開發的對話式 AI 工具，而 OpenAI 則是由 OpenAI CEO 山姆・阿特曼（Sam Altman）、特斯拉創辦人伊隆・馬斯克（Elon Musk）、LinkedIn 創辦人里德・霍夫曼（Reid Hoffman）這些名震世界的企業、創業家共同出資所成立的團體。

ChatGPT 於 2022 年 11 月底推出後，使用者人數在短短兩個月就突破 1 億人，是史上最快突破 1 億名用戶的服務，其速度甚至勝過 TikTok 或 Instagram 這類全球普及的服務。

若問 ChatGPT 為何如此受到關注，在於 AI 的答案非常精準。比方說，讓 ChatGPT 回答大學考試的數學應用題，ChatGPT 可以提供正確的答案。換言之，只要請 ChatGPT 回答問題就能考上。最新版的 GPT-4 也能在美國司法考試取得前 10% 的分數。

向 ChatGPT 提問與請求協助

或許各位讀者已經註冊了 ChatGPT，玩過一陣子，也可能已經在工作上試用了 ChatGPT。但為了還沒用過的讀者，讓我為大家簡單地介紹一下 ChatGPT 的使用方法。

第一步先在對話框輸入問題或請求，這些問題或是請求

輸入提示詞

リモートワークの良い点と悪い点を知りたい。

ChatGPT may produce inaccurate information about people, places, or facts. ChatGPT May 24 Version

顯示回答

リモートワークの良い点と悪い点を知りたい。

リモートワークにはいくつかの良い点と悪い点があります。

リモートワークの良い点：

1. 柔軟性と効率性：リモートワークは場所に制約されずに仕事を行うことができるため、通勤時間の削減や自分の作業環境の選択など、柔軟性が高まります。また、一部の人にとっては、自宅や好きな場所で働くことで集中力や効率が向上することもあります。
2. ワークライフバランスの向上：リモートワークは家族や趣味、自己のケアなど、個人のプライベートな時間を確保しやすくします。フレキシブルなスケジュールを立てることができ、仕事とプライベートの両方に充実感を持つことができます。
3. 地理的な制約の克服：リモートワークは場所に縛られることなく、遠隔地や異なる都市や国に住む人々との協力を可能にします。企業や仕事の選択肢が広がり、グローバルな視野を持つことができます。

リモートワークの悪い点：

1. コミュニケーションの課題：リモートワークでは、対面でのコミュニケーションが制約されるため、チーム内や上司とのコミュニケーションに課題が生じることがあります。リモートワークツールやメールなどの電子コミュニケーションが主要な手段となりますが、情報の共有や意思決定のプロセスにおいて、リアルタイムのコミュニケーションの重要性が増します。
2. 孤立感やモチベーションの低下：オフィスで働くことに比べて、リモートワークでは社交的な面やチームメンバーとの交流が制約されることがあります。孤立感を感じることや、モチベーションの低下が起こることもあります。また、自己管理や自己モチベーションが求められるため、一部の人にとっては困難な課題となることもあります。
3. キャリアの発展やスキルの獲得の制約：リモートワークでは、直接的なオフィス環境の中での学びやスキルの獲得の機会が制約されることがあります。また、リモートワークの中での昇進やキャリアの発展において、競争力や目に見える成果の提示が課題となることもあります。
4. 作業とプライベートの境界のぼやけ：自宅や好きな場所で働くことができる反面、作業とプライベートの境界がぼやけることもあります。仕事に没頭しすぎたり、プライベートの時間に仕事の思考が入り込んだりすることがあります。適切なワークライフバランスの確保が重要です。

これらは一般的なリモートワークの良い点　　　　　状況によって経験や意見は異なることを今頃に聞いてください

↻ Regenerate response

Send a message

ChatGPT may produce inaccurate information about people, places, or facts. ChatGPT May 24 Version

稱為「提示詞」（Prompt）。下方範例輸入的是「想了解遠端工作的優缺點」。

ChatGPT 會根據各種資料自動統整答案。由於每次都會產生新的答案，所以就算問題相同，答案也不一樣。

此外，如果回答的文章突然中斷，按下「**Continue generation**」按鈕或是「**Next**」，可以繼續顯示後續的答案，如果輸入「**Others**」則可誘發其他的答案。

由於是以聊天的方式向 ChatGPT 提出問題與請求，所以可對 ChatGPT 的答案再次提問題和請求。

比方說，提出「整理成條列式」的請求，就能如下圖將重點條列式。

 整理成條列式。

 遠端工作的優點：
 ・充滿彈性，工作與生活能夠達成平衡
 ・不受地理限制
 ・可提升專注力

遠端工作的缺點：
 ・感到孤獨，溝通障礙增加
 ・工作與生活的界線變得模糊
 ・過度依賴技術

換言之，在對話框輸入文字，再按下 Enter 鍵（Return

鍵），文字就會送出，所以**當提示詞（問題 & 請求）較長時，可先在 Word 或是其他應用程式輸入文字，複製後再於對話框貼上。**

　　本書介紹的提示詞大部分都會先在 **Word** 或是文字編輯器輸入，複製後再於 **ChatGPT** 的對話框貼上。

 設定 ChatGPT

　　　　ChatGPT 是以一問一答的方式進行對話框。

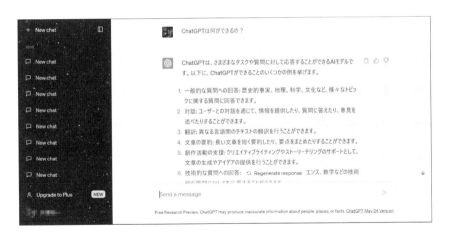

　　　　由於 ChatGPT 會在一次的對話中，記住前面所有的對話內容，所以能流暢地進行對話。如果想切換成其他的話題，可點選畫面左上角的「New Chat」，如此一來就能排除之前的對話內容，根據新話題對話。

　　　　之前的對話歷程都會在畫面左側的「New Chat」下方儲

存。這些對話可以變更名稱或是刪除（如下圖）。

點選這裡可以開始新的對話

儲存了過去的對話

點選畫面左下角的「Settings」可開啟設定畫面。

點選這裡

可在「General」分頁切換成深色畫面。

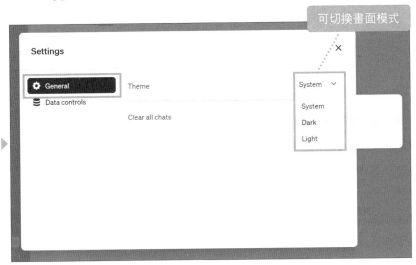

此外，關掉「Data controls」分頁的「Chat history & training」，就能夠停止記錄對話歷程。如果擔心資訊外洩，建議停止記錄，但這麼一來，畫面左側就不會顯示對話歷

程，這點還請大家自行斟酌。

此外，本章的最後（P30）也會說明安全性策略的指南，相關細節請參考該部分的內容。

在「Data controls」分頁點選「Export data」右側的「Export」按鈕（❶）就能匯出對話歷程。

點選「Delete account」右側的「Delete」（❷）就能刪除帳號。要注意的是，一旦刪除帳號，就無法以相同的電子郵件信箱或是電話號碼註冊。

▶ ChatGPT 的應用場景

到底有哪些工作場景可以應用 ChatGPT 呢？雖然許多人也在摸索這點，在此為大家介紹幾種常見的應用場景。

〈應用 1〉調查

比方說，我們可以調查「讓許多人參加線上活動的方法」。如果在搜尋引擎輸入「線上活動」、「攬客」，會看到很多筆搜尋結果，但是 ChatGPT 卻能提供下列的結果。

> User　讓許多人參加線上活動的方法？

　讓許多人參加線上活動有很多方法，以下是一些常見的方法：

1. 使用社群媒體：在社群媒體宣傳活動的細節與參加方法，讓更多人接收相關的資訊。可製作活動頁面，再於 X、Facebook、Instagram 這類平台分享。

2. 發送電子報：透過電子報將資訊傳送給電子報的訂閱者，讓訂閱者了解活動的魅力與參加的好處，邀請訂閱者註冊或是參加。

【以下省略】

　　ChatGPT 會從既有的資料摘要重點，回答「讓許多人參加線上活動的方法」這個問題。

　　ChatGPT 可幫助我們省去瀏覽各種網站，搜尋資訊的時間。雖然資訊還不夠精準，但如果只需要粗略的答案，ChatGPT 完全可以派上用場。

〈應用 2〉思考

　　我們可在 ChatGPT 回答問題之後繼續發問。比方說，在剛剛的「讓許多人參加線上活動的方法？」問題之後輸入「該請什麼樣的人擔綱線上活動的致詞來賓？」（結果請看下一頁），之後還可以針對 ChatGPT 的回答繼續提問，與 ChatGPT 一起討論與思考。

　　搜尋引擎只能幫助我們收集資訊，但是 ChatGPT 卻能幫助我們一邊調查資訊，一邊透過提問強化理解。由於我們

得想清楚要向 ChatGPT 提出什麼問題，所以思考與理解自然會越來越深入。

 User 該請什麼樣的人，擔綱線上活動的致詞來賓？

Chat GPT 邀請具有下列特質的人，擔任致詞來賓較有效果。

1. 擁有專業知識或相關經驗的業界領袖：邀請擁有專業知識或相關經驗的業界領袖，擔任致詞來賓是較好的選擇。他們能夠分享自己的經驗與觀察結果，提供來賓有用的資訊或是啟發。

2. 成功的創業者或是具備創業精神的人物：成功的創業者或是商場領袖，在來賓眼中是魅力十足的致詞來賓。他們可以透過自己的創業經驗或是挑戰，讓來賓了解什麼是創業家精神與領袖風範。

【以下省略】

〈應用 3〉撰寫文章

比方說，輸入「請寫一篇關於遠端工作優點的文章」，可得到下列的回答。

ChatGPT 幾乎都能自動幫我們產生文章。由於不是100% 完美的文章，所以最後還是要我們去修潤內容。

但是，就算不是完美的文章，也比自己從零開始思考「要寫成什麼文章」來得輕鬆，因為 ChatGPT 會先幫我們指出大致的方向。

User 請寫一篇關於遠端工作優點的文章。

 遠端工作的優點：可以得到自由與效率

引言：
隨著數位科技的進步，工作方式也出現了巨大的改革。目前最受關注的便是遠端工作模式。所謂的遠端工作模式就是不需要到辦公室，不受場所與時間限制，就能完成工作的工作模式。這些文章將進一步探討遠端工作的優點。為了得到自由的工作方式，以及有效率地推行各種業務，讓我們一起切換成遠端工作模式吧。

1. 不受時間與場所限制
遠端工作的最大優點莫過於不受時間與場所限制這點。省去通勤時間以及在辦公室移動的時間，就能更有效率地安排時間。能在喜歡的環境下工作這點，也有助於提升專注力。除了能在自家或是咖啡廳工作，連出國旅行都能隨時隨地工作。

【以下省略】

如果依照前述的方式，向 ChatGPT 提出「**關於〇〇的部分，請寫得更仔細一點**」的要求，就能產生更多細節的文章（參考下一頁）。

關於撰寫文章的部分，將於第 2 章進一步說明。

User 請針對「不受時間與場所限制」的部分，寫得更具體一點。

Chat GPT **不受時間限制：**
遠端工作模式能節省通勤時間。以通勤時間 1 小時的情況為例，切換成遠端工作模式之後，就能多出 1 個小時的工作時間，而且也不需要在上下班的尖峰時間跟著大家人擠人，能專心處理工作的時間也會變多。不受時間限制這點能提升工作效率，也更容易管理時間。

不受場所限制：
遠端工作模式可在自己喜歡的場所工作，例如可在家裡、咖啡廳、圖書館、共同工作空間以及任何地方工作，不會受到辦公室這類地點的束縛。這種彈性很適合讓人在不方便移動或是地理條件有諸多限制的情況下工作，也很適合與旅行結合，讓工作與生活融為一體。比方說，可以一邊在度假地點享受生活或體驗異國文化，一邊工作，所以工作與生活會更加平衡。

【以下省略】

〈應用 4〉撰寫程式或是建立 Excel 函數

ChatGPT 能幫我們撰寫精準度相當高的程式碼。有些讀者對於程式設計可能不太了解，所以這次將以 Excel 的函數來說明。

讓我們試著拜託 ChatGPT 自訂 Excel 的函數。

 請幫我建立一個檢查文章之中，是否出現「Remote」這個字串的 Excel 函數。

要在 Excel 判斷文章是否具有特定字串可使用「IF」函數與「SEARCH」函數建立函數。

假設要檢視的文章位於儲存格 A1。

幫助建立函數

請在顯示檢視結果的儲存格（例如儲存格 B1）輸入下列的公式。

```
=IF（ISNUMBER（SEARCH（"Remote",A1））," 出現 "," 未出現 "）
```

這個公式可在儲存格 A1 的文章出現了「Remote」這個字串時顯示「出現」，並在未出現「Remote」這個字串的時候顯示「未出現」。

注意事項：
這個函數將大小寫英文字母視為不同字母，如果公式中的字串為「Remote」，就只會在文章出現與「Remote」完全一致的字串時顯示「出現」。如果不需要區分大小寫英文字母，可將「SEARCH」函數換成「FIND」函數。

就算文章中出現了多個「Remote」，上述的公式也只會找到第一個「Remote」。如果想要找到所有的「Remote」，必須使用更複雜的函數或是巨集。

自訂這類函數可於 Excel 判斷文章是否出現了特定
字串。

ChatGPT 可幫助我們建立這類函數。

▶ 該使用免費版還是付費版？

點選畫面左下角的「Upgrade to Plus」可切換成付費套
餐的畫面。付費版的好處如下。

1. 可使用新功能（**GPT-4**、**ChatGPT Plugins**、**Web browsing 或其他**）
2. 高速
3. 穩定

升級為付費版就能使用最新版的 GPT-4，性能遠比免費
版的 ChatGPT 3.5 好上許多。

付費版 ChatGPT 除了處理速度較快，也能應對條件複
雜的提問或請求，而且還能使用從 2023 年 5 月開始提供的
「ChatGPT Plugins」這項新功能，以及能搜尋最新網路資訊
的「Web browsing」。

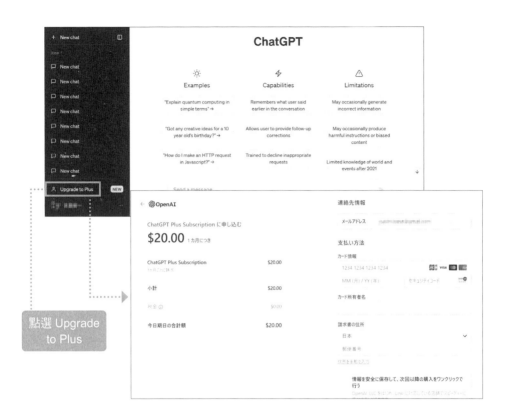

點選 Upgrade to Plus

智慧型手機也能使用 ChatGPT

　　ChatGPT 除了能在 PC 使用，也能在智慧型手機使用。

　　要在 iPhone 使用可先下載 APP，再利用註冊的電子郵件信箱與密碼登入。登入完成後，只需要依照 PC 的方法在對話框輸入文章再送出。Android 版的 APP 雖然還沒發布，但可透過網頁瀏覽器使用。

ChatGPT 使用指南（安全性策略與著作權）

　　接著說明使用 ChatGPT 時的安全性策略與生成內容的著作權。

　　2023 年 5 月，由東京大學大學院工學系研究所教授松尾豐擔任理事長的一般社團法人日本深度學習協會（JDLA）發表了「生成式 AI 的使用指南」，其中提到企業在使用 ChatGPT 以及其他生成式 AI 時，需要注意哪些事

一般社團法人日本深度學習協會（JDLA）發表的「生成式 AI 的使用指南」
https://www.jdla.org/document/#ai-guideline

項。這次將根據這份使用指南說明，主要內容如下。

1. 輸入的注意事項

　・不要輸入個人資訊

　・不要輸入機密資訊

　・盡可能不要輸入其他人的著作物

2. 應用生成物的注意事項

· 注意虛假資訊
· 注意著作物與侵害商標
· 確保著作權

　　接著說明「1.輸入的注意事項」。

　　首先說明的是「不要輸入個人資訊」這點，ChatGPT 的使用規範提到，當輸入的內容包含個人資訊，不會記錄該資訊。不過，一旦個人資訊用於 AI 學習，這些個人資訊就有可能在提供答案給第三者時外流，而且從《個人資訊保護法》的觀點來看，未得到當事人同意就輸入資料這點本身就是問題。

　　其次是「不要輸入機密資訊」。機密資訊分成屬於自家公司或其他公司（例如用戶或客戶）這兩種，但不管是哪一種，外流都是很可怕的事情。所以與剛剛介紹的個人資訊一樣，只要用於 AI 學習就有外洩的可能，所以請不要輸入機密資訊。

　　在進階設定的「Data controls」分頁關閉「Chat history & training」，就能避免提示詞被用於 ChatGPT 的學習（不會記錄），這項功能也已於 P21 介紹過，如果各位讀者想要避免資訊外洩，建議先關掉這個功能。

　　第三點的「盡可能不要輸入其他人的著作物」，則是避免侵害著作權。比方說，將小說家的部分作品當成提示詞輸入。這部分其實沒有法律問題，但是輸入之後，ChatGPT 很可能會提供與該作品相似的回答，如此一來就有可能侵害

著作權，所以最好不要輸入其他人的著作物。

　　接著是「2.應用生成物的注意事項」部分，也就是在應用 ChatGPT 的回答時的注意事項。
　　首先說明「注意虛假資訊」。前面提過，ChatGPT 的答案常有錯誤，所以不可盡信。
　　接著是「注意著作物與侵害商標」。前面提到「盡可能不要輸入其他人的著作物」這點，使用時要避免生成的內容侵害了他人的著作權或商標。
　　第三點的「確保著作權」，則是想對 AI 的生成物主張著作權的情況。如果未對 AI 的生成物進行任何編輯或修正，有可能無法得到著作權的保障。但是，只要編輯或修正了生成物，就能擁有著作權，所以若要商業使用，就要先確保著作權。
　　以上就是一般社團法人日本深度學習協會發表的使用指南，建議大家使用生成式 AI 時要特別注意。

第 1 章

正確的
提問方式

使用 ChatGPT 之前的四大心理建設

在向 ChatGPT 提問與發出請求之前,要記得下面這四件事。

1. 重視提問內容(提示工程)
2. 區分隨興的提問與認真的提問
3. 亂問一通也 **OK**
4. ChatGPT 的回答不要照單全收

接著為大家逐條說明。

1. 重視提問內容(提示工程)

想徹底應用 ChatGPT,就要知道提問方法,這種提問方式稱為「提示工程」。一般認為,提示工程的市場價值將會越來越高,聽說美國已經出現徵求提示工程人員的工作,而且這項工作的年收入高達 5,000 萬圓。要讓 ChatGPT 與生成式 AI 徹底發揮潛力,就必須知道「該怎麼提問才能得到正確答案」以及「該如何請求才能得到獨特的創意和靈感」這兩點。

2. 區分隨興的提問與認真的提問

前面提過,想要有效應用 ChatGPT,必須懂得提問與

請求，但不必每次都精心設計提問的內容，否則很花時間與精力。就算只是簡單的提問，ChatGPT 也會回應具有一定程度的答案，這也是 ChatGPT 的厲害之處與優點。

所以，**一開始可先從「請告訴我○○」這種簡單的問題開始，接著透過不斷提問與請求精簡條件，讓 ChatGPT 提供越來越精準的答案**。讓我們透過這種試誤的過程，提升提問（提示詞）與回答的品質吧！

3. 亂問一通也 OK

ChatGPT 是 AI，也是一種工具。有些人與 ChatGPT 聊天之後，會漸漸地像是與人類聊天一樣，多了一些不必要的顧忌，只要 ChatGPT 沒有回答你想要的答案，當然可以不斷地提問，甚至亂問一通也無所謂。

我認識的工程師告訴我「向 ChatGPT 提問比向人提問更放心」，要不斷地向上司或同事提問，請他們說明內容，是需要勇氣的。但是當對象是 AI 時，就不需要擔心 AI 會生氣。AI 雖然不是能夠點石成金的魔法道具，卻是怎麼問也不會生氣的工具。

4. ChatGPT 的回答不要照單全收

ChatGPT 常常會提供明顯錯誤的內容或是牛頭不對馬嘴的答案，最麻煩的是，ChatGPT 總是一副正經地回答錯誤的答案。

其實 ChatGPT 並未真正了解提問與請求的內容，只會

根據機率論提供「如果是這種內容，那接下來應該是那種內容吧」去自動答題，所以不一定能提供正確答案。此外，ChatGPT是在接收提問之後才產生答案，所以就算是相同的提問，有時會提供正確答案，有時卻會提供錯誤答案。

所以，也有人覺得ChatGPT是破綻百出的工具，一點用處都沒有。不過，這樣想真的很可惜，因為使用者只要先知道ChatGPT也會提供錯誤的答案，再自行判斷答案是否正確即可。ChatGPT可在幾分鐘甚至是幾秒鐘之內，完成人類需要耗費數日或數小時才能完成的工作，所以怎麼能不善加利用這項工具呢。

▶ 設定提示詞的方法

接著說明向ChatGPT提問（提示詞）的技巧。首先說明提示工程的三個元素以及標記方式。

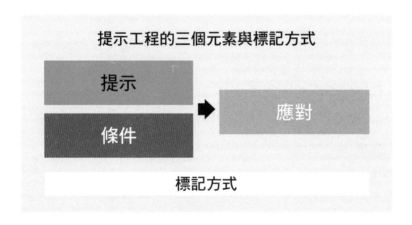

提示工程的三個元素與標記方式

提示

條件

應對

標記方式

提示工程的重點在於「提示」、「條件」以及對於答案的「應對」。**提示與條件會決定第一次回答的精準度，如何回應（應對）ChatGPT 的回答，則會改變後續對答資訊的質與量。**

在發出提問與請求時，是以文字輸入，所以我們要先學會相關的標記方式。使用 ChatGPT 能輕易看懂的標記方式，可更流暢地使用 ChatGPT。請大家看看下方案例。

標記方式的範例

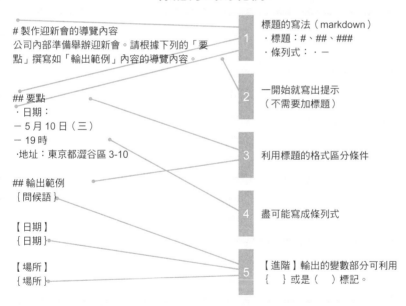

首先要記住標題與條列式的標記方式。**在標題的開頭輸入「#」「##」，在條列式項目的開頭標記「-」或「‧」，**

ChatGPT 就能掌握文章結構。這種格式稱為「markdown 標記方式」，也是於 Wiki 應用的標記方式。只要利用這種方式下指令，ChatGPT 就能看懂意思。

以上述的範例而言，「# 製作迎新會的導覽內容」、「## 要點」、「## 輸出範例」的標記都會在文章加上標題。「#」是大標，「##」是中標，而「-」與「‧」的條列式標記則說明標題之內的結構。

提示詞最重要的就是明確寫出提示（想要 ChatGPT 幫忙的事情）。這次的範例將最重要的「# 製作迎新會的導覽內容」寫在開頭，而且加上代表大標的「#」。

寫出提示後，接著要輸入相關的條件或要求。這次的範例是以中標題（##）標記「要點」與「輸出範例」這些元素。各標題的相關內容可寫成條列式，讓 ChatGPT 更了解你想要它幫忙什麼事。

此外，這次在輸出範例使用了 ｛　｝與（　）這種「在哪裡撰寫哪種資訊」的符號。這與 Word 這類軟體輸入每個人的姓名與地址的「啟動合併列印」功能非常類似，學會之後，百利而無一害。

▶ 提示工程的三大元素

讓我們進一步了解提示工程的三大元素「提示」、「條件」和「應對」。三個元素的主要使用方法如下。

提示工程的三大元素細節

提示	條件	應對
1 收集資訊、提問	1 角色	1 透過追加提示的方式得到更多資訊
2 撰寫與修訂文章	2 目的、背景	2 讓 ChatGPT 修正與訂正
3 擬定企劃、提出創意	3 要點	3 讓 ChatGPT 發問
4 製作與修訂公式、程式	4 參考範例、範本	
5 翻譯與修訂其他語言	5 輸出範例	

提示的五種模式

　　提示分成五種，具體範例請參考 P44 的表格。

　　「1. 收集資訊、提問」的模式是跟 ChatGPT 說「請告訴我〇〇的相關資訊」的意思，就像是利用 Google 搜尋資料一樣。

　　「2. 撰寫與修訂文章」的模式則是請 ChatGPT 撰寫文章（內容），或是請它幫忙修改你寫的文章。ChatGPT 撰寫文章的能力非常優異，尤其付費版的 GPT-4 更是具有商務人士的語文能力。

　　「3. 擬定企劃、提出創意」的模式是請 ChatGPT 提出創意，幫忙找點子。ChatGPT 能夠大量提出具有一定水準

的創意，很適合撰寫企劃時使用。

「4. 製作與修訂公式、程式」的模式是請 ChatGPT 建立 Excel 的公式或函數，以及請它幫忙寫程式或是修訂你寫的程式碼。只要告訴它，你想要什麼樣的公式或是程式，它就會先寫出草案，所以能大幅提升生產力，就算是不太會撰寫公式或程式的人，也能利用它寫出一定水準的程式。

「5. 翻譯與修訂其他語言」的模式則是請它幫忙翻譯外文網站的部分內容，或是將原文轉換成外文，也可以請它幫忙修改你撰寫的外文文章。

條件的五種使用方法

只有提示，但內容曖昧不明的話，很難得到想要的答案。比方說，跟 ChatGPT 說「請告訴我 ChatGPT 的使用方法」或是「請思考遠端工作的新商業模式」，ChatGTP 只能提供一般論的答案，因為 ChatGPT 不知道提問者想在何種情況下，得到哪些重點資訊。

在提示追加條件之下，能讓 ChatGPT 針對不同的情況，提供更具體的答案。

條件共有五個元素，請參考 P46 的表格。

「1. 角色」的部分在於希望 ChatGPT 扮演何種角色。比方說，「請以專業作家的身分撰寫文章」或是「你是專業的業務員，請思考這種商品的銷售話術」，讓 ChatGPT 提供適當的文章或是回答。

「2. 目的、背景」的部分是告訴 ChatGPT 你下達的提

示有何目的或背景。我們請別人幫忙時，也會告訴別人目的或是相關的背景，所以向 ChatGPT 提問時，告訴它具體條件，比較能得到適當的結果。

「3. 要點」的部分是定義輸出結果的要點。比方說，希望 ChatGPT 一定要回答的內容或字數，也可以要求它以「簡單易懂的文體回答」。雖然 ChatGPT 不一定會完全遵守這些要點的設定，但是加上定義絕對更容易得到理想的輸出結果。

「4. 參考範例、範本」的部分則是請 ChatGPT 撰寫文章時，給它參考範例，要求它照著這個範例寫，如此一來，ChatGPT 就會依照範例產出。

「5. 輸出範例」的部分則是要求 ChatGPT 根據範例提供答案。

比方說，在要求 ChatGPT「分類成 A、B、C 這三類」的時候，若不指定輸出的格式，ChatGPT 就會不知道輸出標籤就好，還是要連同分類的理由都一併輸出，如此一來我們就會得不到理想的輸出結果。先指定輸出結果的範本，就能得到套用了理想格式的輸出結果。

應對的三種使用方法

最後說明應對的方法。

「1. 透過追加提示的方式得到更多資訊」是當我們無法從 ChatGPT 得到滿意的回答時，或是想要得到更多資訊時，透過追加「其他」或是「請多說一點」這類提示詞，進

一步發出請求。也可以利用「請說得更仔細一點」或是「請說得更具體一點」這類提示詞進一步提問。

「2. 讓 ChatGPT 修正與訂正」的部分則是針對 ChatGPT 的回答輸入「請根據○○，再撰寫一次」或是「請加入△△的元素，再撰寫一次」這種提示詞，更新 ChatGPT 的回答。

「3. 讓 ChatGPT 發問」則是讓 ChatGPT 提問，然後回答 ChatGPT，再讓 ChatGPT 回答的進階用法。

相關細節請參考 P47 的表格，其中有不少具體範例。

▶ 三大提示詞的具體範例

接著介紹「提示」、「條件」和「應對」提示詞的具體範例（P44 ～ 47 的表格）。

提示

提示模式	經典提示詞	具體範例
收集資訊、提問	・請告訴我○○ （○○是什麼？）	・請告訴我雲端運算的內容（雲端運算是什麼？） ・請告訴我虛擬實境（VR）的內容（虛擬實境是什麼？）
	・請告訴我○○的現況 （課題）	・請告訴我電動車（EV）的現況（課題） ・請告訴我再生能源的現狀（課題）
	・要想知道○○的資訊該如何發問？	・要了解投資必須如何提問？ ・要了解行銷策略必須如何提問？

提示模式	經典提示詞	具體範例
收集資訊、提問	・請告訴我○○的優點與缺點	・請告訴我遠端工作的優缺點 ・請告訴我太陽能面板的優缺點
	・想要執行○○（該怎麼做才好？）	・我想增進程式設計技巧（該如何提升程式設計技巧？） ・我想規劃職業生涯（該如何規劃未來的職業生涯？）
	・○○與△△的差異是什麼？	・程式設計語言與腳本語言的差異是什麼？ ・宏觀經濟學與微觀經濟學的差異是什麼？
撰寫與修訂文章	・請撰寫○○的文章／報導	・請撰寫有關正念的文章
	・請撰寫○○的骨架	・請建立網站內容的骨架
	・請撰寫○○的原稿	・請撰寫畢業演講的稿子 ・請撰寫新產品的廣告活動草案
	・請校正下列文章	・請校正下列的文章（撰寫文案，最多不超過 2,500 ～ 3,000 字）
	・請摘要下列文章	
	・請告訴我下列文章是否出現邏輯錯誤	
擬定企劃、提出創意	・請思考○○方面的創意	・請思考新行銷工作的點子
	・請思考○○方面的命名方式	・請思考健身 APP 的名稱
	・請針對○○思考對策	・請思考管理員工壓力的方案
	・請針對○○思考事業計畫（收益計畫）	・請思考餐點外送服務的事業計畫（收益計畫）
	・請針對○○製作待辦事項表（行程表）	・請製作舉辦活動所需的待辦事項表（行程表） ・請製作搬家所需的待辦事項表（行程表）
製作與修訂公式、程式	・請利用【○○語言或工具】撰寫下列這種○○	・請在 Excel 撰寫下列的巨集（巨集要點可利用文字說明）

提示模式	經典提示詞		具體範例
製作與修訂公式、程式	· 利用【○○語言或工具】撰寫的程式無法運作。請找出問題		· 下列的 Excel 巨集無法正常運作，請找出錯誤（輸入巨集的程式碼，最多不超過 2,500～3,000 字）
	· 利用【○○語言或工具】撰寫的程式有下列的問題（錯誤），請找出原因與解決方案		
翻譯與修訂其他語言	· 請將下列內容轉換為【語言】		· 請將下列內容轉換成英文（以英文撰寫，最多不超過 2,500～3,000 字）
	· 想知道下列這種【語言】的奇怪之處或是有待改善之處		
	· 請將下列的【語言】轉換成母語者的語氣		

條件

條件	模式	具體範例
角色	職種	· 你是專業的業務員 · 你是專業的作家
目的、背景	簡易	· 為了獲得訂單 · 為了找出新的商機
	詳細（將各種要點整理成條列式）	# 目的 · 讀者是還未實施遠端工作模式的公司 · 讀者是企業的經營者或是管理階層 · 讓讀者想要實施遠端工作模式 · 讓讀者對遠端工作研修服務有興趣
要點	簡易	· 200 個字以內 · 建立 10 個要點 · 連同理由一併輸出 · 階段式推論
	具體的結構	# 結構範例 · 一開始先感謝讀者提問 · 建議預約 · 在商談過程中，提供其他公司的實例與最新趨勢的資訊

條件	模式	具體範例
要點	詳細（將各種要點整理成條列式）	# 要點範例 · 替投稿加上標題 · 每篇投稿約 140 個字 · 每篇投稿分成兩段 · 段落之後，插入兩行換行 · 加上五個不同於文章內容的 hashtag
參考範例、範本	詳細（輸入範例文章）	# 參考範例 （自己撰寫的文章）
輸出範例	呈現格式	· 以條列式輸出 · 以表格輸出
	呈現手法	· 商用 · 寫成小學生也看得懂的格式 · 寫成饒舌的格式
	詳細（以條列式方式定義具體格式）	# 輸出結果的範例 標題：{ 標題 } 內容：{ 三個重點 } 結論：{ 結論 } hashtag：{ 五個 hashtag }

應對

應對	具體範例
透過追加提示的方式得到更多資訊	· 為什麼？（修正了哪裡？） · 其他？ · 具體範例是？ · 請多說明一點 · 有沒有更好的方法？ · 該資訊的參考資料與根據是？ · 請針對○○進一步說明
讓 ChatGPT 修正與訂正	· 請更簡短一點 · 將曖昧之處改寫成○○ · 追加○○，重寫一遍
讓 ChatGPT 發問	· 請針對○○發問

第 2 章

撰寫文章

▶ 利用 ChatGPT 撰寫文章

上班族在做任何工作時，都需要撰寫文章。比方說，寫信給公司內、外部的人，或是透過通訊軟體與別人對話，還得撰寫企劃、報告、導覽或是其他文件，每天都要產出各式各樣的文章。在這個遠端工作已是常態的時代裡，透過文章溝通這件事也越來越重要。

有效率地撰寫文章與提升文章的品質，等於提升自己的工作技巧。本章將介紹在郵件、提案這類需要撰寫文章的情況使用 ChatGPT 的方法。

▶ 撰寫文章的常見課題

在應用 ChatGPT 撰寫文章之前，讓我們先想想在職場寫文章時，常遇到哪些課題。例如，我們很常遇到下列這些狀況。

- · 從一開始就不知道該寫什麼
- · 不知道該如何建構內容
- · 對於用字遣詞沒有信心
- · 想不到適當的文句

「從一開始就不知道該寫什麼」指的是不知道該傳遞什麼訊息，也就是不了解文章的要點和重點。如果是剛接觸的工作，很有可能缺乏基礎知識，而不知道該如何是好，或者是在接收到太多資訊之後，思緒變得雜亂。在這類情況下，都會遇到「從一開始就不知道該寫什麼」的問題。

　　從第二個問題開始都屬於「知道要說什麼，也知道要點，但不知道該如何編排」、「不知道該透過哪些文字表現才適當」的模式，在這種情況下寫文章的話，就算覺得自己寫得不錯，對方還是有可能不知道你想講什麼，或是覺得很難懂。

▶ 撰寫文章的流程

　　為什麼會發生剛剛提到的狀況呢？整理撰寫文章的流程之後，可畫成下列的流程圖。

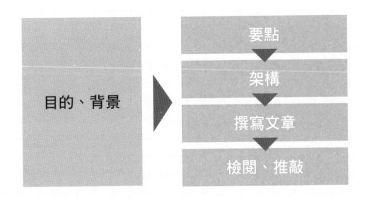

目的、背景 ▶ 要點 ▼ 架構 ▼ 撰寫文章 ▼ 檢閱、推敲

職場文書一定帶有某種目的性，以郵件為例，通常會是「預約時間」、「決定行程」、「道歉」或是「與對方建立互信關係」。也有可能是基於某種背景撰寫文章，比方說，「是誰寫給誰的信？」也就是「彼此的立場為何的狀態（比方說，上司與部下）這種背景。

　　所謂的要點就是文章內該有的元素，例如日期、時間、地點都是重點，至於架構則是該以何種順序說明事由，對方比較能讀懂。

　　根據上述概念撰寫文章之後，最後是確認內容正確性，或者是推敲用字遣詞的精確度。如果某個撰寫文章的環節不順利，就會遇到先前提出的課題了。

▶ ChatGPT 在撰寫文章的價值

　　根據剛剛撰寫文章的流程，了解 ChatGPT 這類生成式 AI 在撰寫文章這項工作的價值。

○要點

　　ChatGPT 可根據文章目的與狀況，思考需要在文章植入哪些元素。比方說，它能告訴我們「該寫什麼才好」或是「該撰寫哪種類型的文章」。

撰寫文章的流程	ChatGPT 的價值
要點	提醒我們需要植入哪些元素
架構	提出適當的架構
撰寫文章	協助撰寫各種體裁的文章
檢閱與推敲	幫忙檢閱與推敲內容

○架構

決定要點之後，ChatGPT 會提出適當的架構。

○撰寫文章

可幫助我們撰寫內容充滿細節的文章。

○檢閱與推敲

輸入自己撰寫的文章，ChatGPT 會幫忙檢查該寫的內容是否寫了，也可以幫忙檢查有無錯漏。

ChatGPT 辦不到的事

讀到這裡，大家或許會覺得只要確定目的與狀況，之後 ChatGPT 就會幫忙完成所有事情。

實際試用之後，有可能會覺得「好厲害」或是「居然能做到這種地步」。

不過，真的可以將一切都丟給 ChatGPT 處理嗎？答案是不行。ChatGPT 的確能告訴我們需要植入哪些元素，哪種架構更適當，而且這些建議的確很精準，但終究只是一般論。ChatGPT 無法針對個案或是取向，提出更符合個人需求的建議。

比方說，寫信給部長時，ChatGPT 會提出「一般都會寫成這樣的內容，採用這類架構比較好」的建議，但是，那位部長可能希望你「把結論寫在開頭，內容不要寫得不清不楚」，而 ChatGPT 是不可能了解這些情況的。所以在 ChatGPT 提出建議之後，我們不該照單全收，而是要自行確認或修改內容。

ChatGPT 撰寫的文章終究只是草稿，不是最終的完成品，有時候會有疏漏，內容也有可能錯誤，甚至用字遣詞不適當，所以才需要檢閱與修正。自己必須為了文章的內容負起責任。

此外，請 ChatGPT 幫忙檢查自己撰寫的文章時，也有一些注意事項。就現況而言，ChatGPT 檢查中文的精確

度，遠遠不及英文精確，時常會有錯漏，所以不要將一切交給 ChatGPT，還是得自行確認一遍。ChatGPT 的極限有以下三點。

- ·終究只是一般論，無法針對個案或是取向撰寫最適當的內容
- ·終究只是草稿，內容有可能出現錯漏，所以要自行檢閱與修正
- ·**ChatGPT 的中文能力尚不及英文，會出現未及檢閱的部分**

接著就根據具體的文章實例說明，不過報告或是日誌這類基本的商業文書，各家公司都有自己的格式，而且大部分都只需要根據事實撰寫，所以不需要特地使用 ChatGPT，這次只針對需要耗費時間與心思撰寫的文章說明。

▶ 應用範例 1　撰寫郵件

我們先試著撰寫收件人是客戶的郵件。第一步是以最基本的提問方式請 ChatGPT 撰寫。

提示詞範例 1　基本

User 新客戶來信詢問，請試著撰寫感謝對方的郵件。

 ChatGPT **主旨：感謝您的來信**

您好

感謝您這次來信詢問。關於您詢問的問題，敝公司將負責快速與貼心地回覆。

敝公司一直以來都以提供滿意的服務為目標，要求自己迅速回應客戶的詢問與要求，所以您有任何想要詢問的內容，還請隨時提出。

如果還有任何說明不及之處，請您隨時提出。

今後也請多多照顧敝公司。

敬上

雖然提示詞如此簡單，但是 ChatGPT 卻寫得如此完整。如果輸入「其他」繼續發問，ChatGPT 會繼續撰寫不同的文章。

 User 其他

 ChatGPT **主旨：感謝您的來信**

親愛的客戶

由衷感謝您來信詢問，您的聯絡是我們最大的喜悅。

敝公司以提供最佳服務為使命，時刻致力於提升顧客的滿意度。

【以下省略】

　　如果對象是人類，不斷地問對方還有沒有「其他」的建議，對方應該會覺得很煩人，但 ChatGPT 是 AI，所以不需要在意這些，一直發問也沒關係。

　　ChatGPT 雖然寫不出滿分的文章，卻能像這樣提供各種體裁的文章，讓我們可以自行追加與修正內容，比起從零開始自己寫，絕對輕鬆許多，而且也能寫出高品質的文章。P36 也說明了使用 ChatGPT 前的心理建設，其中提到，**我們不該要求 ChatGPT 提出正確解答，而是要求它提出方案，然後最終由自己選擇採用哪個方案，才是應用 ChatGPT 的正確之道。**

　　接下來列出「提示詞範例 1」的優點。

　　· 可輕鬆使用
　　· 就算提示詞如此簡單，也能寫出值得參考的文章

至於有待改善的部分如下。

　　· 目的與狀況過於抽象
　　· 缺乏要點
　　· 文體不固定

以這次的「提示詞範例 1」為例，雖然是感謝郵件，但完全不知道前提是什麼，也不知道是寫給什麼樣的顧客或公司，更不知道為什麼要寫這封郵件，也不知道要達成什麼目的或要點，當然就不知道該以何種文體撰寫。

提示詞範例 2　指定目的與要點

接下來的提示詞範例則會先指定郵件的目的與要點，再請 ChatGPT 撰寫文章。

> **User**　# 撰寫感謝郵件
> 新顧客來信。
> 根據下列的「目的」與「要點」撰寫感謝郵件。
>
> ## 目的
> ・成功獲得商談
>
> ## 要點
> ・先感謝客戶
> ・提出預約
> ・告訴顧客在談生意的時候，能提到其他公司的實例與最新趨勢

雖然這個範例還沒指定寫給何種顧客，也沒指定以何種文體撰寫，不過得到了比「提示詞範例 1」更具體的答案（回答請參考下方）。

第 1 章也提過，目的與要點前面的「##」是標題的符

號，而這是一種「markdown」的語法（P39）。

　　一個「#」是「標題 1」（大標），兩個「##」是「標題 2」（中標），三個「###」則是「標題 3」的意思。如此一來，內容的架構就會變得清楚。

　　這個「提示詞範例 2」利用第一行的大標題點出要做的事情，並在下一行描述了概要，接著以中標題點出目的與要點，之後便產出下列這種內容相當具體的文章。

 主旨：感謝您的來信

敬啟者　祝您接下來一切順遂。
非常感謝您來信詢問。

關於您的詢問，敝公司有信心提供為您服務。
希望能和您當面對談，進一步討論細節。
倘若方便，希望能於下列的時間、地點進行會談。

【日期】
○○月○日（一）14：00 ～

【場所】
敝公司會議室 或是 您方便的地點

會談之際，敝公司能提供其他公司的實例以及最新趨勢。

如果您有任何不清楚或是想進一步詢問的內容，還請您隨時提出。
希望有機會能與您合作。

敬上

【公司名稱】

【負責人姓名】

　　這個回答結果比「提示詞範例 1」更加具體，也更接近我們的理想。此外，也可以輸入「其他」請 ChatGPT 另外寫一封感謝信，或是告訴 ChatGPT 寫得更「有禮貌」。

　　像這樣下達「其他」或是「請進一步○○」的指示，就能得到不同種類的答案。除了寫文章之外，也可以在研究或是其他場合使用這種技巧。

　提示詞範例 3　　定義文章風格

　　讓我們試著在剛剛「提示詞範例 2」加入「文章風格」。

 # 撰寫感謝郵件

新顧客來信。

根據下列的「目的」與「要點」撰寫感謝郵件，文體則依照「文章風格」的設定。

【＊目的、要點與「提示詞範例 2」（P58）相同】

文章風格

・商業書信

・正式

・客氣

會得到什麼結果呢？

 主旨：感謝您的來信

敬啟者 萬事如意，十分欣喜。
非常感謝您這次來信詢問。
敝社一直以來，誠懇面對顧客需要，努力建立更完善的夥伴關係。
首先感謝您在百忙之中撥冗詢問。
相當感謝您對敝公司感興趣。
若蒙允許，能否在您方便的時間點預約會面呢？
敝公司的員工將提出最適合您的方案。
此外，也將提供其他公司的成功實例、最新趨勢與其他相關資訊。

【以下省略】

　　原本就是商業書信的內容，所以光是之前的提示詞就足以寫出十分客氣的內容，但這次得到了更嚴謹的內容。

　　像「提示詞範例 3」這樣在**目的、要點加上指定文體，就能得到更理想的內容**。如果將自己寫的信件內容貼在對話框之中，當作 ChatGPT 的參考，也能提升文章完成度。

　　不過，一開始很難知道要輸入像「提示詞範例 3」這種提示詞，所以可先利用「提示詞範例 1」這種提示詞發問，等到 ChatGPT 回應後，再追加目的與要點，才是更實際的做法。

也可以請 ChatGPT 幫忙檢閱自己的文章。此時可仿照「提示詞範例 3」的方式指定目的、要點與文章風格，提升校閱的精確度。

User

校閱感謝郵件

請根據目的、要點與文章風格，從下列的郵件內容找出有待改善之處或是錯誤之處，也請告訴我理由。

目的
・成功獲得商談

要點
・先感謝客戶
・提出預約
・告訴顧客在談生意的時候，能提到其他公司的實例與最新趨勢

文章風格
・商業書信
・正式
・客氣

郵件內容

To ○○先生

您好，我是遠端工作研究所的池田

感謝您這次來信詢問。

也感謝您對敝公司有興趣。

希望能與您再次會面，針對 ChatGPT 應用研修課程一事進行討論。

不知道下列的時間，您是否方便呢？

・5月1日 10：00〜12：00

感謝您撥冗閱讀本信。

 這封信的內容滿足了獲得商談機會的目的與要點，以下是有待改善與修正之處。

第1、2段雖然提到了「預約」這項要點，卻沒有提到具體方案。先提出預約的可行方案，以及配合對方的情況調整是非常重要的一環。

第2、3段雖然提到了「商談時，能提供其他公司的實例與最新趨勢」，卻沒有提到更具體的實例與趨勢。在信件提到業界或商場的最新趨勢、成功實例以及其他的具體資訊是非常重要的一環。

【以下省略】

　　ChatGPT 可以給我們這類回饋。若是輸入「其他」，還能提供其他觀點的建議。**假設輸入「請提供改善方案」，ChatGPT 會幫忙撰寫修正之後的文章，輸入「以表格的方式呈現改善之處、改善的內容與理由」，ChatGPT 也會將這**

些內容整理成表格。

透過「提示詞範例 4」的方式，請 ChatGPT 幫忙校閱文章的同時，也能得到其他靈感。

應用範例 2　撰寫公司內部活動的說明

一開始先輸入最簡單的提示詞。

提示詞範例 1　基本

User 公司準備舉辦迎新會，請撰寫相關的說明內容。

Chat GPT 了解。下列是迎新會的說明範例。

主旨：迎新會說明

感謝各位一直以來的照顧，這裡是公司的新人教育委員會。
本次為了歡迎新進員工，準備於下列的時間、地點舉辦迎新會。

日期：○月○日（星期○）○時～○時
場所：○○大廳

迎新會是讓新人與資深員工互相交流的場合，也是新人教育的一部分，可讓新人了解公司的歷史、理念與願景。當天將準備一些簡單的食物與飲料，還請各位撥冗參加。

想參加的人請於下列日期之前回信，感謝大家。

日期：○月○日（星期○）
收信人：新人教育委員會

感謝各位撥冗閱讀本信，感謝大家的配合。

以上，請大家多多指教。

就算沒提供具體資訊給 ChatGPT，ChatGPT 也能寫得如此工整。

與「應用範例 1」一樣輸入「其他」，也會提供另一種模式的內容。

請 ChatGPT 多提供幾種範例，再自行剪貼其中可用的部分，就能寫出需要的文章。不過這個範例沒有指定具體資訊，也沒有指定構成元素與文章風格，所以成品十分粗糙。

提示詞範例 2 **追加要點**

讓我們試著在「提示詞範例 1」加入日期與場所這類要點，請 ChatGPT 重新撰寫文章。

> **User** # 迎新會說明
> 這次準備在公司內部舉行迎新會，請根據下列的要點撰寫迎新會的說明。
> ## 要點
> ・日期：5 月 10 日（三）晚上七點

·場所遠端大廳
·地址：東京都澀谷區 3-10
·會費：除新人之外，每人 3,000 圓，新人免費。
·新人請準備 1 分鐘的自我介紹。

 迎新會說明

大家辛苦了。
敝社為了歡迎新進員工，準備舉辦迎新會。
這是能進一步認識新進員工的機會，還請大家踴躍
參加。

日期：5 月 10 日（三）晚上七點
場所：遠端大廳（東京都澀谷區 3-10）
會費：除新人之外，每人 3,000 圓，新人免費。
* 會費包含輕食與飲料的費用。

請各位新進員工準備一分鐘的自我介紹。可以的
話，請介紹自己有哪些興趣、專長以及今後的抱負。

此外，本活動是於線上舉辦，所以能遠端參加。
相關細節將另外通知。

感謝大家撥冗閱讀本信。

　　如果是如此具體的內容，已經可以直接當成迎新會說明
使用。這次的提示詞未指定輸出範例，所以每次發問都會得
到不同的答案。如果沒有特別需求，這樣的內容已經能派上
用場，再用公司內部的固定格式輸出內容，將會更方便。

　　接著要在「提示詞範例 2」加上「## 輸出範例」，如此一來，就有可能讓 ChatGPT 幫我們撰寫符合格式的內容。「提示詞範例 3」的｛自我介紹｝｛日期｝的｛｝是程式變數的部分。在新年賀卡軟體會將這個符號替換成不同的姓名與地址，而這裡的｛｝也具有類似的功能。此外，將｛｝換成（）也有相同效果。

User　# 迎新會說明

這次準備在公司內部舉行迎新會，請根據下列的要點撰寫迎新會的說明。

要點（＊）
【＊要點與「提示詞範例 2」（P65）相同】

輸出範例
｛自我介紹｝
【日期】
｛日期｝
【場所】
｛場所｝

【流程】
｛流程內容｝

｛結尾｝

歡迎各位加入我們公司！

本次將舉辦迎新會，還請大家務必出席。

【日期】
5 月 10 日（三）晚上七點

【場所】
遠端大廳
東京都澀谷區 3-10

【會費】
新人免費，新人以外的參加者 3,000 圓。

【流程】
19：00 ～ 19：10 致詞
19：10 ～ 19：30 新人自我介紹（1 分鐘的演講）
19：30 ～ 20：00 自由時間

【配合事項】
請各位新人準備 1 分鐘的自我介紹，希望內容能包含興趣、專長以及進入公司的動機。

【結尾】
所有員工都由衷期待與各位新人同樂。

　　像這樣指定輸出範例，ChatGPT 就能寫出更簡單易懂的內容。

應用範例 3　撰寫新聞稿（新商品／服務的說明）

接著撰寫對外部發表的新聞稿。

提示詞範例 1　　基本

User 請撰寫「遠端工作模式採用引導服務」的新聞稿。

Chat GPT 【FOR IMMEDIATE RELEASE】

開始提供「遠端工作模式採用引導服務」

日期：2023 年 6 月 2 日

株式公司○○發表了遠端工作模式採用引導服務。現代的社會情勢不斷轉變，遠端工作模式也越來越重要。不管是何種企業，只要透過我們的服務，都能順利引進遠端工作模式，我們也將提供高效率營運模式的方案。

本公司的「遠端工作模式採用引導服務」包含下列優點：

【中間省略】

相關細節請瀏覽敝社官方網站（www.example.com）。若有任何想詢問的部分，請隨時透過下列的聯絡方式聯絡我們。

【公司概要】

株式會社○○是提供遠端工作支援與企業諮詢服務的龍頭企業。我們為了幫助企業成長與創新，提供了各種方案。

【媒體聯絡窗口】
○○公關部
媒體聯絡方式：○○○○○
電子郵件信箱：press#example.com

　　雖然剛剛的提示詞很粗糙，但 ChatGPT 還是幫忙撰寫了像樣的文章。儘管未提及服務內容，但是能自行補充這點真的很厲害。接下來修改與實際服務內容不同的部分。

提示詞範例 2　　修正新聞稿的構成元素

　　「提示詞範例 1」完全沒告訴 ChatGPT 新聞稿的架構，但是新聞稿或是商品介紹的內容都有固定的元素，而且這些元素也會隨著內容而不同。
　　接著，透過「提示詞範例 2」確認需要哪些構成元素。

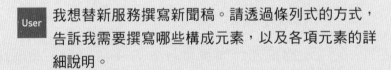

User　我想替新服務撰寫新聞稿。請透過條列式的方式，告訴我需要撰寫哪些構成元素，以及各項元素的詳細說明。

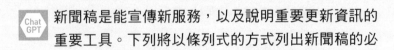

ChatGPT　新聞稿是能宣傳新服務，以及說明重要更新資訊的重要工具。下列將以條列式的方式列出新聞稿的必

要元素以及各元素的說明。

大標題：
・位於新聞稿第一行的重要元素。
・這部分必須是與新服務的特徵與優點有關的標題。
・必須引起興趣。

副標題：
・繼大標題之後，第二重要的元素。
・簡潔說明服務的細節與目的。
・主要是補充大標題的內容，並持續引起讀者興趣。

【以下省略】

　　透過上述提問便能知道新聞稿有哪些構成元素。

　　ChatGPT 習慣簡短回答，而且會針對重點回答。要求 ChatGPT 提出重點或是觀點時，可進一步輸入「其他」，讓它略過一開始的回答，提供其他的重點。

　　此外，**如果覺得 ChatGPT 的說明不夠具體，可進一步提出「請提供〇〇的具體範例」或是「請針對〇〇進一步說明」這類問題**。能像這樣要求 ChatGPT 回答更具體的答案，或是調整說明的具體程度，正是 ChatGPT 的優點。

 請提供最能說明新服務效果的大標題。

 以下是最能說明新服務的大標題的具體範例。

1.「由革命性的 AI 科技創造的次世代服務正式登場」

2.「透過業界首見的平台，提升服務效率，讓企業進一步成長」
3.「兼具驚人的效能與方便性的最新服務正式開通」

【以下省略】

提示詞範例 3　　指定服務與構成的新聞稿

接著參考「提示詞範例 2」學到的，向 ChatGPT 提問具體指定的服務內容與構成元素。

User
撰寫新服務的新聞稿
你是專業的公關。請根據「新聞稿架構」撰寫新聞稿，宣傳「服務」的魅力。

服務
・協助引進遠端工作模式
・為 10 人以下的中小企業量身打造方案
・搭配雲端工具，建立低成本的遠端環境
・除了介紹工作且也介紹溝通方式的研修課程

新聞稿架構
・大標題
・副標
・引言
・內文
・顧客意見
・社會價值

· 聯絡資訊

【大標題】
協助中小企業引進遠端工作模式的新服務登場！除
了能降低成本，還能促進溝通順暢

【副標】
透過雲端工具建構遠端工作環境，以及搭配溝通課
程的服務，提升中小企業的業務效率。

【引言】
在必須立刻導入遠端工作模式的現在，這對各位中
小企業的經營者，肯定是一大福音。這項新服務問
世之後，除了能透過雲端服務快速建置遠端工作環
境，還搭配了溝通方式的研修課程，藉此提升業務
的效率，以及促進溝通順暢。

【內文】
在過去，中小企業採用遠端工作模式時，通常會遇
到許多門檻，例如必須斥資引進昂貴的工具，或是
建立專屬的環境。不過，這項新服務可以解決上述
問題。本服務是專為 10 人以下的中小企業量身打造
的遠端工作模式支援服務，在搭配雲端工具之下，
除了可節省成本，還能快速建置遠端工作環境。

【以下省略】

　　像這樣整理必要的資訊再提問，ChatGPT 就能幫忙寫
出可用的新聞稿。如果想要進一步提升完成度，**可試著要**

求 ChatGPT 針對特定部分撰寫不同模式的內容，例如向 ChatGPT 提出「撰寫另一種模式的引言」的要求，即可讓 ChatGPT 寫出需要的內容。

 應用範例 4　撰寫部落格或是公司內部週報

接著讓 ChatGPT 撰寫長篇文章。雖然這次的範例只是讓 ChatGPT 撰寫部落格文章，但這種方式也可用來寫公司內部週報或是演講稿。

提示詞範例 1　基本

第一步先向 ChatGPT 簡單提出「請針對『成功應用遠端工作模式』這個主題撰寫部落格文章」的提問。

 請針對「成功應用遠端工作模式」這個主題撰寫部落格文章。

 下列是成功應用遠端工作模式的幾項重點

1. 重視溝通
遠端工作模式很難像在辦公室那樣直接溝通，所以更需要重視溝通。透過電子郵件、聊天工具促進平常的交流，能讓整個團隊朝著相同方向前進。此外，透過線上會議工具讓團隊成員定期見面也是非

常重要的一環。

2. 徹底管理工作
採用遠端工作模式之後，團隊成員不會待在相同的
場所，所以工作管理顯得十分重要，所以得透過專
案管理工具分享工作負責人與工作進度，徹底管理
工作進程。

【以下省略】

　雖然是很粗糙的提示，但是 ChatGPT 還是撰寫了一定
長度的文章。在撰寫長篇文章時，會中途暫停，此時可點選
「Continue generating」按鈕。

　就算是粗糙的提問也能撰寫具有相當程度的文章，所以
大家可根據 ChatGPT 撰寫的文章自行追加與修正資訊，讓
文章變得更完整。

　另一方面，「提示詞範例 1」還有下列需要改善的部分。

　　‧是非常一般的內容，深度不足。

　　‧沒有目的與要點。

　　‧架構十分鬆散。

　　‧未指定文體。

　**要讓 ChatGPT 撰寫報導或是其他長文時，一開始最
好指定架構。**當然可以自己編排架構，或是請 ChatGPT

提供架構的範例。確定架構之後，即可根據這個架構請
ChatGPT 撰寫文章。

那麼該如何編排架構呢？請大家看看下列的提示詞。

> **User** # 撰寫部落格文章
>
> 我想針對「成功應用遠端工作模式」這個主題撰寫
> 部落格文章。請根據下列「文章目的」，以條列式
> 的方式列出文章骨架。
>
> ## 文章目的
> ・讀者是還未採用遠端工作模式的公司
> ・讀者是企業的經營者或是管理階層
> ・希望讓讀者想要引進遠端工作模式
> ・希望讓讀者對遠端工作模式和研修服務產生興趣

　　確定文章目的後，再請 ChatGPT 以條列式的方式列出
文章骨架，ChatGPT 就會列出必要的元素。如此就能得到
類似下方的答案。

 下列是「成功應用遠端工作模式」這篇部落格文章
的架構範例。

序文
1. 遠端工作模式是什麼？

・遠端工作模式的優缺點

2. 引進遠端工作模式的事前準備
・引進之前的注意事項
・強化員工對遠端工作模式的認知
・安全性對策

3. 遠端工作模式的溝通方式

【以下省略】

ChatGPT 就會以條列式的方式列出上述的架構。

輸入「其他」可讓 ChatGPT 介紹其他的架構元素，而且可以不斷地輸入「其他」，直到 ChatGPT 提供理想的架構元素。大家不一定要照單全收，可從中挑出需要或喜歡的架構元素再予以應用。

「提示詞範例 2」的重點如下：
・指定「以條列式列出骨架元素」，就能確定架構。
・確定目的，就能得到更適當的架構。
・可利用「其他」的提問追加其他的架構元素。

接下來的「提示詞範例 3」要根據上述的架構撰寫文章，這次的提問是「根據骨架撰寫文章」。從「提示詞範例 2」的架構元素中，挑出需要的元素，再於「## 骨架」下面列出來。

User

撰寫部落格文章
我想針對「成功應用遠端工作模式」這個主題撰寫部落格文章。請根據下列「文章目的」、「骨架」撰寫部落格文章。
【＊文章的目的與「提示詞範例 2」（P76）相同】

骨架
・序文
- 遠端工作模式是什麼？
- 遠端工作模式的優缺點
- 引進遠端工作模式的事前準備
- 引進之前的注意事項
- 強化員工對遠端工作模式的認知
- 安全性對策

　　這個範例利用「・」與「-」釐清了文章架構。ChatGPT 會根據骨架的設定撰寫下列的文章。

成功應用遠端工作模式

遠端工作模式能讓員工在工作時，不受場所與時間的限制，對員工來說，是非常舒適的工作環境，企業也能因此降低成本以及留住人才。不過，遠端工作模式也有缺點。比方說，員工的管理會變得更困難，資訊也有安全性的問題，所以在引進之前，必

須做好事前準備。本篇文章將針對還未引進遠端工作模式的企業經營者與管理階層，介紹成功引進遠端工作模式的事前準備與成功祕訣。

序文
首先介紹的是遠端工作模式是什麼，以及它的優缺點。大家必須知道的是，引進遠端工作模式雖然能提升員工的動力與生產力，卻也會產生溝通不良或是情報外洩的弊端。

引進遠端工作模式的事前準備
在引進遠端工作模式之前，必須確認下列幾項重點。

【以下省略】

從這個「提示詞範例 3」來看，當我們確定了骨架與文章內容，ChatGPT 就替我們撰寫了完成度極高的文章。接著可要求 ChatGPT 替文章追加標題和具體實例。

追加文章標題、具體實例這類要求之後，可得到「提示詞範例 4」這類的內容。

提示詞範例 4　追加要求

User 我想針對「成功應用遠端工作模式」這個主題撰寫部落格文章。請根據下列「文章目的」、「要求」與「骨架」撰寫部落格的文章。
【＊文章的目的與骨架與「提示詞範例 2、3」

（P76、P78）相同】

要求
・將每個骨架元素設定為標題
・撰寫成語氣和緩的文章
・加入具體實例

【序文】
如今是遠端工作模式已然普及的時代。當員工因為家庭狀況、通勤情況無法來辦公室上班時，遠端工作模式可說是一種選擇。對企業來說，遠端工作模式既可降至成本，還能讓工作與生活保持平衡。這次將針對打算引進遠端工作模式的企業經營者或是管理階層，介紹成功引進遠端工作模式的重點。

【遠端工作模式是什麼】
遠端工作模式就是在辦公室或職場之外的場所工作。不論是家裡、咖啡廳還是圖書館，總之工作場所是自由的。遠端工作模式又稱為遠端工作、居家上班或是遠端辦公室。在新冠疫情的影響下，遠端工作模式瞬間普及，許多企業也打算引進這種工作模式。

【以下省略】

　　其實除了上述的文章之外，**我們都應該不斷向 ChatGPT 提出要求，讓 ChatGPT 一步步提升文章完成度，而不是要求 ChatGPT 一口氣寫好文章，這才是讓 ChatGPT**

寫出好文章的祕訣。

就算我們每次都提出相同的問題，ChatGPT 還是都會生成新的答案，所以每次都能得到不同結果，因此當我們不斷追加「其他」、「進一步說明」或「希望做○○」這類提問，ChatGPT 就會持續提供不同方案，直到我們滿意為止。

 應用範例 5　撰寫企劃、提案與簡報資料

接著說明讓 ChatGPT 撰寫企劃、提案與簡報資料的方法。這次要撰寫的是交給客戶的提案書。

先試著輸入簡單的提示詞。

提示詞範例 1　只有服務內容

User　請針對下列的「服務」撰寫提案書。

#服務
・ChatGPT 的應用研修課程
・可透過網路影片學習
・每月 10 萬圓的年度契約
・可供 30 人無限使用

 【服務提案書】ChatGPT 的應用研修課程

謹致各位負責人

感謝大家一直以來的照顧。本次敝社將提供全新的服務。

ChatGPT 是一種以最新的 AI 技術建立的語言處理模式，而敝社提供的是 ChatGPT 研修課程。透過這項研修課程，可提升員工的能力與企業的業績。

【服務概要】

‧ChatGPT 的應用研修課程

使用敝社提供的 ChatGPT 研修課程，可提升語言處理能力以及溝通技巧。

【以下省略】

即使提示詞如此簡單，還是能得到值得參考的回答。接著讓我們追加要求，以便得到更堪用的回答。

提示詞範例 2　追加顧客與架構

這次要在「提示詞範例 1」追加「目標顧客群」、「需要包含哪些元素」和「提案書的架構」這類定義，重新向 ChatGPT 提問。

User # 撰寫提案書

請根據下列的「顧客」以及「提案書的架構」，針對下列的「服務」撰寫提案書。

服務

【＊與 P81 的「提示詞範例 1」相同】

顧客
【＊輸入自行定義的目標顧客群】

提案書的架構
・吸睛的標題
・提案的總結
・顧客的現狀、課題與興趣
・服務能提供的價值
・服務的具體內容
・費用
・引進行程表
・可能遇到的問題與對應的答案

 標題：利用 ChatGPT 改革事業——提升效率與創新
的研修課程

提案的總結
敝公司針對顧問諮詢公司與顧問提供 ChatGPT 商業
改革研修課程。這套課程可改善企業的業務，以及
提升企業解決問題的能力。由於可透過網路影片學
習，所以能學會更實用的技巧。目前為年度契約，
價格則是每月 10 萬圓，算是非常划算的價格，而且
最多可供 30 人使用。

顧客的現狀、課題與興趣
顧問諮詢公司與顧問在改善客戶的工作效率與解決

客戶的問題時，往往需要更有效率與效果的方法。
此外，也對應用新技術或新工具提升競爭力這件事
很感興趣。

服務能提供的價值
採用本研修課程可得到下列的價值。

【以下省略】

　　雖然可像這樣在對話框追加條件，但是 GPT-3.5 無法套
用所有的條件，所以建議使用 GPT-4。上述的回答也是由
GPT-4 生成的。

　　這次的範例是將可能遇到的問題與對應的答案放在一
起，但其實可在不同的對話過程，分別提出可能遇到的問題
與對應的答案。可利用 P203 介紹的預設問題集的方式，要
求 ChatGPT 提供答案。

　　最後試著讓 ChatGPT 製作 PowerPoint 的原稿。第一步
要先請 ChatGPT 提出架構元素。要注意的是，這次使用的
也是 GPT-4。

提示詞範例 3-1　　建立 PowerPoint 的架構

User # 建立提案書的架構
想根據下列的「顧客」與「服務」製作 PowerPoint
提案書。請以條列式的方式製作提案書的架構。

提案書的架構

1. 標題頁
・提案書的標題（例：ChatGPT 應用研修課程）
・提案者與提案對象的資訊（例：你的公司名稱、
　對方的顧問諮詢公司名稱或是顧問的姓名）
2. 目錄
3. 前言
・說明提案書的目的與背景
・簡單介紹目標顧客群
4.ChatGPT 的概要
・說明 ChatGPT 的功能與優點
5. 服務的細節

【以下省略】

　　如果輸入「有沒有需要另外追加的元素？」可讓
ChatGPT 提供更多架構元素。
　　確定架構元素之後，可輸入下方的「提示詞範例
3-2」，讓 ChatGPT 依照 PowerPoint 的格式編排內容。

User 依照上述的架構,以及下列的「輸出範例」製作具體的內容。

輸出範例
頁面 1
　・幻燈片標題:
　・訊息列:
　・內容:

 # 輸出範例

頁面 1
　・幻燈片標題:ChatGPT 應用研修課程的提案
　・訊息列:最適合你的商業夥伴的解決方案
　・內容:
　・針對顧問諮詢公司或顧問
　・透過 ChatGPT 改善顧客的業務與解決問題
　・可透過網路影片學習
　・年度契約(月費 10 萬圓)、30 人無限使用

頁面 2
　・幻燈片標題:目錄
　・訊息列:提案內容的概要
　・內容:

1. 前言

2. ChatGPT 的概要

3. 服務的細節

4. 顧客的課題與解決方案

【以下省略】

「頁面1、2」就是第1張、第2張PowerPoint幻燈片。

指定「#輸出範例」就能讓ChatGPT回答適合於PowerPoint套用的架構。

這次的範例是讓ChatGPT提供架構→製作幻燈片內容，但是可先自己決定架構，只請ChatGPT製作幻燈片的內容。

▶ 應用範例 6 整理會議紀錄

前提是需要會議紀錄這類文字檔案（筆記）。最近也有根據語言或影片產生逐字稿的工具，甚至還有整理逐字稿的工具。

這次要解說的是，利用ChatGPT整理現有文字資料的方法。這個方法除了能用來整理會議紀錄，也能有效整理龐雜的文字資料。

提示詞範例 1　基本

User 請將下列的會議內容整理成會議紀錄。

\# 會議內容
- 森田說明了 ChatGPT 研修課程。
- 森田說明了研修課程可於線上實施，也可透過影片學習 ChatGPT 的使用方法。
- 研修期間為兩週到四週，學員最多為 30 人。
- 研修費用為每月 10 萬圓，採年度契約制。

【以下省略】

 將會議內容整理成下列的會議紀錄。

日期：xxxx 年 xx 月 xx 日
場所：xxxx
出席者：
森田
山本

議題：關於 ChatGPT 應用研修課程的商談

會議內容：

1. 森田說明了 ChatGPT 研修課程。這項研修課程可於線上實施，也可透過影片學習 ChatGPT 的使用方法。

【以下省略】

上述的回答是由 GPT-4 產生，比 GPT-3.5 整理的內容更加工整。雖然沒有特別的指示，但還是能幫我們整理成會議紀錄的格式。要注意的是，一次輸入太多文字，ChatGPT 有可能無法接受。就本書執筆時間而言（2023 年 5 月），日文的輸入上限大概是 2,500 ～ 3,000 字左右，一旦超過這個字數，就必須分段，再分開提問。

提示詞範例 2　　指定會議紀錄的格式

　　「提示詞範例 1」未指定會議紀錄的格式，而「提示詞範例 2」則會先指定格式，再請 ChatGPT 製作會議紀錄。

User　# 製作會議紀錄

想將下列的會議內容整理成會議紀錄。請根據下列的輸出範例整理。

輸出範例
・決議：
-
-
-

・TODO：
-
-
-

．主要內容（總結）：

-

-

-

．細節：

-

-

-

-

-...

會議內容

【*將會議內容或是需要整理的文字貼在這裡】

 ## 會議紀錄

．決議

無

．TODO：

1. 山本提到將重新規劃顧客企業內部的研修費用、
   研修期間和學員人數，然後再予以回覆。
2. 森田提出了具體的研修課程、研修實際成績這類
   資料。

【以下省略】

上述是 GPT-3.5 的回答。就算是 GPT-3.5，只要設定了框架，一樣能產生井然有序的會議紀錄。要注意的是，GPT-3.5 對於資訊的理解程度或是精確度較 GPT-4 來得低，所以可行的話，最好使用 GPT-4。

提示詞範例 3　　分類會議內容

「提示詞範例 2」整理了「決議」、「TODO」這類會議內容，接著要介紹以「內容」分類會議內容的方法。

User # 分類會議內容
請將下列的會議內容分成三類。

會議內容
【*將會議內容或是需要整理的文字貼在這裡】

 可完成下列的分類：

研修內容與方法
1. 森田說明了 ChatGPT 應用研修課程。
・研修課程可於線上實施，還能透過影片學習使用 ChatGPT 的方法。

【中略】

2. 研修費用、期間、學員人數
・研修期間為兩週至四週左右，學員最多為 30 人。

【以下省略】

ChatGPT 根據內容性質自動分類。若是輸入「有沒有其他分類」，還會提出其他的分類方式。

　　這次的範例雖然請 ChatGPT 幫忙分類，但其實我們可自行決定分類，然後以「請依照下列的項目進行分類」，請 ChatGPT 幫忙分類。如此一來就能事先決定項目，再分類多個會議內容，或是將這些分類完畢的內容當成資料儲存，因為會議紀錄是組織的情報資產。

第 3 章

透過 ChatGPT 收集資訊 & 研究

我們常會遇到需要收集資訊或是深入研究的工作，例如「需要調查某個業界、某間公司的動向」、「為了開發新服務，必須調查市場規模或是競爭對手的情況」或是「需要將調查結果整理成報告」，都屬於這類工作。

在此之前，我們會透過搜尋引擎或是社群媒體收集資訊，但現在可透過 ChatGPT 快速收集資訊。

▶ 收集資訊與研究的常見課題

第一步先試著列出收集資訊與深入研究時的常見課題。

- ·話說回來，到底該調查什麼？
- ·該如何調查才對？
- ·內容太複雜，以至於難以理解。
- ·很難將結果整理得簡單易懂。

就「話說回來，到底該調查什麼？」的部分而言，有時候上司或是客戶會丟一句「先調查再說」，卻沒說清楚要調查什麼，讓人不知道該調查什麼才好，此時你就得自己找到調查對象。

知道該調查什麼之後，接著要思考的是該如何調查，也就是收集資訊的方法。

此外，就算調查完畢，也很常遇到內容複雜到難以理解

的情況，有時候甚至會不知道該怎麼整理，或是該怎麼說明調查結果。

▶ 收集資訊與研究的工作流程

在使用 ChatGPT 之前，先為大家整理收集資訊與研究的一般流程。

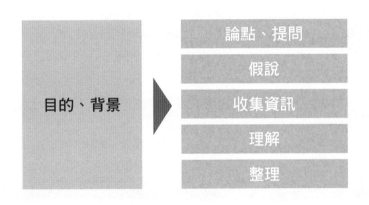

在職場工作時，收集資訊一定有目的性，比方說，「為了創立新服務」、「為了向顧客提案」或是「為了改善公司內部的業務流程」，然後再進行研究。

首先要解釋的是論點。比方說，研究目的是「想在遠端工作模式市場創立新事業」，那麼「該調查什麼」就是論點。「現在的遠端工作模式有哪些服務？」或是「各服務有哪些龍頭企業？」也可以是「市場目前的課題（顧客的不

滿）是什麼？」不同情況就有不同論點。

　　設定論點之後，不能立刻收集資訊，而是得建立假說。
比方說，「不是已經有這類服務了嗎？」或是「龍頭企業在
這方面不是已經很強了嗎？」還有「市場目前不是已經有這
類課題了嗎？」建立假說之後，就能快速找出需要的資訊，
不需要大海撈針。

　　接著根據建立的假說收集各種資訊。徹底了解收集到的
資訊之後，再加以整理和說明。

▶ ChatGPT 在收集資訊與研究的價值

　　ChatGPT 在收集資訊與研究時的流程，具有下列的價
值（優點）。

業務流程	ChatGPT 的價值
論點、提問	能告訴我們該調查什麼
假說	能告訴我們會有哪些結論
收集資訊	能瞬間回答各種問題
理解	能以不同的呈現方式回答問題
整理	能整理與摘要資訊

在收集資訊與研究時，開頭的論點和提問，也就是釐清「該調查什麼」的部分最為困難，如果這部分不確定，就沒辦法進行下一步；但是，如果正確向 ChatGPT 提問，很快就能確定調查要點。

此外，也可以請 ChatGPT 幫忙建立假說。比方說，可向 ChatGPT 提出「要在○○狀況下創立新服務的話，有什麼點子呢？」ChatGPT 就會提出各種假說與點子。

在收集資訊的階段，ChatGPT 也會瞬間回答各種問題。如此一來，再也不需要在搜尋引擎輸入關鍵字，以及瀏覽各種網站了。

此外，搜尋引擎找到的網站有可能會提供令人難以理解的內容。但是，如果改用 ChatGPT 收集資訊，**只要資訊太過艱澀，可以立刻跟 ChatGPT 說「請說得簡單一點」，ChatGPT 就會提供更簡單扼要的資訊。**

最後的步驟則是整理與摘要收集到的資訊，ChatGPT 也很擅長這部分的工作。只要告訴 ChatGPT「將這些資訊整理成○○格式」，ChatGPT 就會照辦，而且還能不斷修正。

▶ ChatGPT 辦不到的事

剛剛雖然說明了優點，但 ChatGPT 不是萬能的，讓我們一起了解它辦不到的事情與缺點。

· **只能提供一般論的答案或是過去的見聞。無法針對特**

定情況回答，也無法提出前所未有的提案。

· 答案常常會出錯。**ChatGPT** 的資料來源不明，資訊
也有可能太舊。(*1)

· 無法根據特定情況或是特定對象的習慣提供資訊。必
須另外建立資訊。(*2)

*1：使用 Bing、Gemini、ChatGPT 付費版的網頁瀏覽功能，就能提
供最新資訊或是資訊來源。

*2：未來可在 PowerPoint 使用 AI，讓 AI 幫忙製作資料。

ChatGPT 雖然能告訴我們該調查什麼和會得到什麼結
論，但這些內容終究是從過去的資訊篩選而來，只是一般論
的答案或是過去的見解，ChatGPT 無法根據特定情況提供
答案，也無法提出前所未有的提案。

就算無法提出新資訊，但還是能提供「社會大眾都這麼
想」的資訊，所以能提供一個人想不到的觀點或是點子。

在利用 ChatGPT 收集資訊時，必須先了解 ChatGPT
的答案常常有錯這點。新聞很常報導「ChatGPT 幻覺」
（Hallucination）這個問題，也就是看起來好像是很肯定
的答案，但其實是亂說一通。總之 ChatGPT 的回答僅供參
考，你還是得自行判斷資訊的真偽。

ChatGPT 是根據 2021 年的資訊開發，所以會有這類
幻覺也是無可奈何的事。雖然 ChatGPT 也會根據新資訊學
習，但不一定能隨時提供最新資訊。

不過，AI 每天都在進化，微軟的 Bing 或是 Google 的

Gemini，就能提供資訊來源或是最新資訊，這部分也會在後面的章節中說明。簡單來說，視情況使用不同的 AI 工具非常重要。

　　至於整理與摘要資訊的部分也有類似的問題，也就是 ChatGPT 無法針對特定情況或是特定對象的喜好整理資訊，所以我們還是要自行手動整理。此外，若要根據結果製作簡報資料，目前還是得自行製作。

微軟的 Bing 是什麼？

　　微軟的 Bing 或是 Google 的 Gemini 都可在搜尋最新資訊之後提供答案。在此介紹 Bing 的機制。

Bing 的 AI 聊天機器人的機制

輸入文章　→　解釋文章　→　取得 Bing 的搜尋結果　→　取得 Bing 的答案　→　透過搜尋引擎取得最新資訊

以聊天的方式回答　　　取得資訊來源

　　如上圖所示，在輸入問題之後，Bing 會解釋問題，再透過搜尋引擎取得最新資訊，有時則會跳過搜尋引擎，尋找

Bing 回答這種最新資訊。

　　Bing 在回答問題之後，也能附帶顯示資訊來源，也就是參考的網站，所以能調查進一步的資訊，或是更方便確認真偽。

　　看到這裡，有些人可能會覺得「那一開始使用 Bing 就好了啊，何必使用 ChatGPT」，但就現階段而言，Bing 的回答速度較慢，回答也較為粗糙（不是回答，而是引導使用者前往網站），所以 ChatGPT 與 Bing 各有優缺點。

　　目前最理想的使用方式就是，想了解大致的方向與概要

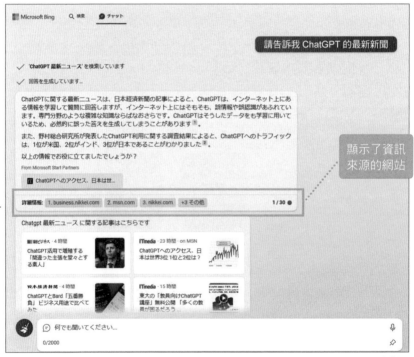

Bing 的畫面

時可使用 **ChatGPT**，要取得最新資訊以及確定資訊來源時使用 **Bing**。

也可以使用智慧型手機版的 Bing，但是得先註冊與登入微軟的帳號。

 應用範例 1　調查不知道的事情

職場中時常需要吸收新資訊，那麼該如何利用 ChatGPT 吸收新資訊呢？讓我們一起了解具體的流程。

提示詞範例 **1-1**　　基本 1

> User 什麼是 Reskilling？

「○○是什麼？」「請說明○○」這類問題是最基本的提示詞。

> Reskilling 是員工學習新技術或新知識的意思。當員工需要新的工作技巧與工作能力，之前的工作技巧與能力已不敷使用時，就需要 Reskilling（技能再造）。Reskilling 能讓員工學會勝任現職的工作技巧，讓企業藉此成長的戰略，也能幫助員工開發職涯，以及擁有更多選擇職業的機會。

若想進一步了解相關資訊，可跟 ChatGPT 說「請進一步說明」，如果覺得內容有點難懂，則可跟 ChatGPT 說「請說得簡單一點」。

接著讓我們稍微改變剛剛的問題。

提示詞範例 1-2　　基本 2

 User　為什麼 Reskilling 這麼重要？

Chat GPT　如今職場的變化非常快速，一旦出現新技術或是競爭對手，員工的技能組合就會不敷使用，所以 Reskilling（技能再造）能讓員工在目前的市場維持競爭力，也是讓員工成長的重要因素。

Reskilling 具有下列這些優點。

1. 追上新技術：若能追上新技術或是新潮流，就能在職場維持競爭力，也能持續進化。Reskilling 能讓員工學會最新的技術與工具，滿足職場需求。
2. 提供成長機會：Reskilling 能提供員工學習新技能與知識的機會，員工因此可以自我成長與促進新的職涯發展。

【以下省略】

ChatGPT 除了提供資訊之外，還提供了「為什麼 Reskilling 這麼重要」的理由或是觀點，這也是 ChatGPT 比搜尋引擎優秀的部分。話說回來，答案不一定是正確的，大

家千萬不能照單全收。

如果輸入「其他」就能得到不同觀點的答案。不斷地輸入「其他」，每次都能得到新答案。

此外，如果想進一步了解某部分的答案，可針對該部分提問。這次的範例就追加了「有哪些技能可以再造？」

結果 ChatGPT 提供了下列這些可技能再造的技能。

> **User** 有哪些技能可以再造？

> **Chat GPT** 由於不同的業界或企業需要不同的技能組合，所以需要 Reskilling（技能再造）的技能也不一樣。在此舉出一些相關的例子。
>
> 1. 數位技巧：數位技巧在現代的職場可說是不可或缺的工作能力。Reskilling 的課程包含程式設計、資料分析、社群行銷、網頁設計、AI、機械學習和雲端運算這類數位技巧。
>
> 【以下省略】

提示詞範例 2 找出問題（論點）

在需要了解某些事情時，我們有時候會不知道該如何搜尋資料，或是不知道該如何向 ChatGPT 提問，此時可先提出目的，再問 ChatGPT「該如何發問？」如此一來，ChatGPT 就會列出一些問題（論點）。

User 我想進一步了解 Reskilling，該問什麼問題才好？

 Chat GPT 在此列出幾個與 Reskilling 有關的問題，希望能幫上您的忙。

1. Reskilling 是什麼？請告訴我相關定義。
2. 為什麼我們需要 Reskilling？在現代社會中，我們需要透過 Reskilling 處理哪些課題？
3. Reskilling 有哪些種類？請針對這些種類說明。

【以下省略】

之後只要告訴 ChatGPT「請針對上述的問題回答」，ChatGPT 就會回答這些問題，也就是讓 ChatGPT 自問自答。

這招雖然很方便，但如果請 ChatGPT 一次回答多個問題，答案有可能很膚淺。如果覺得答案不足以參考，可挑出特別想了解的問題，請 ChatGPT 進一步說明。

像這樣使用「提示詞範例 2」，就能得到調查資訊所需的切入點與觀點。

提示詞範例 3　　掌握最新資訊（Bing）

一如前述，ChatGPT 的資料有點過時，所以要取得最新資訊可使用 Bing 的聊天機器人。

比方說，向 Bing 提出「請告訴我最新的 Reskilling 成功實例」。

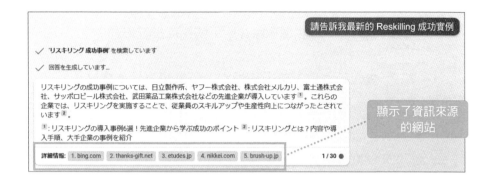

請告訴我最新的 Reskilling 成功實例

✓ 'リスキリング 成功事例' を検索しています

✓ 回答を生成しています...

リスキリングの成功事例については、日立製作所、ヤフー株式会社、株式会社メルカリ、富士通株式会社、サッポロビール株式会社、武田薬品工業株式会社などの先進企業が導入しています[1]。これらの企業では、リスキリングを実施することで、従業員のスキルアップや生産性向上につながったとされています[2]。

[1]:リスキリングの導入事例6選！先進企業から学ぶ成功のポイント [2]:リスキリングとは？内容や導入手順、大手企業の事例を紹介

詳細情報: 1. bing.com 2. thanks-gift.net 3. etudes.jp 4. nikkei.com 5. brush-up.jp　　1 / 30 ●

顯示了資訊來源的網站

Bing 會提出許多企業的成功實例。將滑鼠游標移到答案下方的「深入了解」，會顯示資訊來源的網站連結。

▶ 應用範例 2　**比較調查**

有時候會遇到不得不對比各類選項的狀況，從中找出最適當的選項。

提示詞範例 1　基本

這次要比較的是，遠端工作模式與到辦公室上班的情況。第一步先問 ChatGPT「兩者的優缺點」，這類最為基本的問題。

如此一來，ChatGPT 會提出類似下一頁的內容，告訴我們兩者的優缺點，幫助我們判斷。如果有想要進一步了解的部分，可以針對該部分繼續提問。

User 遠端工作模式與到辦公室上班的優缺點是什麼？

遠端工作模式與到辦公室上班的模式各有優缺點。以下說明這兩種模式的特徵。

【遠端工作模式的優點】

1. 可自由分配時間：可視個人情況調整工作時間的比例，讓私生活與工作取得平衡。
2. 減少移動時間：不需要花時間通勤，所以能有效利用寶貴的時間，也能節省交通費用，有助於節省生活的開支。

【中略】

【在辦公室上班的優點】

1. 溝通更為順暢：能夠直接對話，所以溝通更順暢。
2. 能在工作與私生活之間劃出明確的界線：在辦公室上班，就能將工作留在辦公室，擁有完整的私生活。

【以下省略】

(提示詞範例 2)　　找出比較所需的觀點

　　如果是自己不熟悉的領域，往往會遇到「不知道該從哪裡開始比較」的問題。這與剛剛「不知道該問什麼」是一樣的情況，所以我們可在需要比較選項時，先問 ChatGPT「該思考哪些事情」。

User 我想知道自己的公司該以遠端工作模式為主,還是以到辦公室上班的模式為主。我該從哪個切入點開始思考呢?

Chat GPT 在選擇遠端工作模式與到辦公室上班的模式時,應該考慮下列重點。

1. 商業需求:必須考慮自家公司的商業需求。比方說,若是需要接觸顧客的行業,就有必要以到辦公室上班的模式為主,如果團隊常常需要聚在一起討論,到辦公室上班的模式或許比較理想。

2. 員工的需求:員工的需求也是一大考量。如果大部分的員工希望遠端工作模式,或許就有必要採用遠端工作模式。此外,如果有員工需要帶小孩、照顧家中長輩,需要更多彈性的工作時間,就適合採用遠端工作模式。

【 以下省略 】

　　ChatGPT 會像這樣提出比較所需的觀點。如果輸入「其他」還會提供更多觀點。

　　只要不斷提問,ChatGPT 就會提供更多比較所需的觀點,但我們不需要照單全收,只需要從中找出合適的觀點即可。選擇,是留給人類的重要工作。

接著，讓我們試著透過提問的方式建立假說。讓我們試著透過 ChatGPT 決定自家公司較適合遠端工作模式，還是到辦公室上班的模式。

這次的重點在於讓 ChatGPT 徹底了解自家公司的情況。

 目前想要了解自家公司適合遠端工作模式還是到辦公室上班的模式。請根據下列的公司情況提供答案。

\# 自家公司情況
・員工約為 10 人
・單親媽媽或是職業婦女較多
・許多工作都可透過電腦完成
・30 幾歲的資深員工多於年輕員工

 從公司現況來看，選擇遠端工作模式較為適合。

單親媽媽或是職業婦女較多這點，代表需要更具彈性的工作方式，採用遠端工作模式，能讓這些員工在家裡工作，兼顧工作與家庭。

此外，多數工作可透過電腦完成這點，代表可在任何地方完成工作，所以遠端工作模式也是可行的選項之一。

【以下省略】

這次得出了「遠端工作模式較為適當」的結論。理由是「單身媽媽、職業婦女較多」、「大部分的工作都能透過電腦完成」和「資深員工較為自律」。而且也提出了一些注意事項，例如要讓員工保持一定程度的交流，以及設定適當的規則。

像這樣提出「比較的前提條件」，ChatGPT 就會根據情況提出建議（假說）。

提示詞範例 4   定義比較觀點與輸出範例

「提示詞範例 4」是結合前兩個提示詞的範例。在列出自家公司的狀況之前，要求 ChatGPT「根據『輸出範例』的格式，針對每個『比較觀點』進行比較」。此外，「# 輸出範例」的部分也指定了輸出範例。

User 目前想要了解自家公司適合遠端工作模式還是到辦公室上班的模式。請根據下列的「自家公司情況」，以及「輸出範例」的格式，針對「比較觀點」進行比較。

自家公司情況

· 員工約為 10 人
· 單親媽媽或是職業婦女較多
· 許多工作都可透過電腦完成
· 30 幾歲的資深員工多於年輕員工

> 把「提示詞範例 2）
> （P106-107）得到的
> 比較觀點中貼上自己
> 認為重要的部分。

比較的觀點

- 員工需求：單親媽媽與職業婦女較多的情況，遠端工作模式較為理想。資深員工多於年輕員工的情況，也是遠端工作模式較為理想。
- 業務內容：多數工作可透過電腦完成的情況，遠端工作模式應該是較理想的選擇。不過，若有需要到辦公室才能完成的業務，就必須到辦公室。
- 溝通與交流：要採用遠端工作模式就必須設計一套讓員工能夠交流與分享資訊的流程。若是採用到辦公室上班的模式，員工可直接交流與對話，所以溝通會更加順暢。
- 安全性：若採用遠端工作模式，員工有可能在自家或是咖啡廳工作，如此一來，安全性的風險就會上升。若採用到辦公室上班的模式，就能在安全無虞的環境完成工作。
- 成本：採用遠端工作模式可削減租用辦公室的成本，但是要建置遠端工作環境，就需要支出添購裝置與建置網路的成本。

輸出結果範例
- 員工需求：遠端工作模式較為理想
  →理由 1：～～～
  →理由 2：～～～
  →理由 3：～～～
- 業務內容：到辦公室上班比較好
  →理由 1：～～～
  ～～～

比較分析的輸出結果範例如下。

・員工的需求：遠端工作模式

　→理由1：單親媽媽、職業婦女較多，有時候需要在家裡工作。

　→理由2：能在家裡工作就能省去通勤的負擔，也能兼顧工作與家庭。

　→理由3：資深員工較多時，能調整工作節奏的遠端工作模式有助於提升工作效率。

【以下省略】

　　「提示詞範例4」這種指定方式，可讓 ChatGPT 根據自家公司的情況以及特定的比較觀點進行對比。

　　問題在於每次都要從頭輸入這些提示詞實在很辛苦，所以可先多問一些「提示詞範例1～3」的問題，讓 ChatGPT 分段回答問題，而不是一開始就要求 ChatGPT 回答如此縝密的答案。

> 應用範例3　業界與市場的調查

　　接著試著利用 ChatGPT 調查業界或是目標市場的情況。這次預設的是，如何調查「線上工作技能培訓」這個目標市場。

User　想調查線上課程市場，目前有哪些服務？

Chat
GPT　線上課程市場有許多種服務，以下為部分範例。

1. 線上講座平台：Udemy、Coursera、edX、Skillshare 這類學習性質的平台有來自全世界各地的講師，提供不同的線上課程。主要聚焦於技術、商業、創意、生活方式這些領域。

2. 語言學習應用程式：Duolingo、Babbel、Rosetta Stone 都是使用者能於線上學習語言的應用程式。這些應用程式，可提供學習語言所需的遊戲、謎題或是對話練習這些功能。

【以下省略】

　　ChatGPT 會列出一些服務的名稱如上，以及提供簡單的說明。若是輸入「其他」，還會再列出一些服務。如果對某些服務特別有興趣，可提出「請進一步說明○○服務」。

　　提出「提示詞範例 1」這類簡單的問題，就能了解業界或市場大致上有哪些服務。這個範例指定的是「線上課程市場」這麼模糊的問題，但如果已經確定要調查的業界或服務，建議大家以更具體的方式提問。

在調查很陌生的業界或是市場時，有時候會不知道該從何調查。這與 P106「不知道該問什麼問題」是一樣的情況。此時我們可試著提出「該從何調查？」的問題。

User 我想調查線上課程市場，該從何調查？

 在調查線上課程市場時，應該調查下列項目。

1. 線上課程市場的規模與成長：調查線上課程市場目前的規模以及未來的成長趨勢非常重要。
2. 主要的競爭對手：調查線上課程市場的龍頭企業，以及他們提供的教育課程或服務非常重要。

【以下省略】

比起自行摸索該調查的項目，請 ChatGPT 提供線索的話就輕鬆多了。我們當然不需要照單全收，只要從中挑出有興趣的項目，或是符合目的的項目即可。

接著要調查線上課程市場的規模。一如前述，ChatGPT 不具備最新的資料，所以這種時候就要改用 Bing 或是 Gemini。

提示詞範例 3　取得最新資訊（Bing）

首先向 Bing 提出「想了解國內線上課程市場的規模」

這個問題。

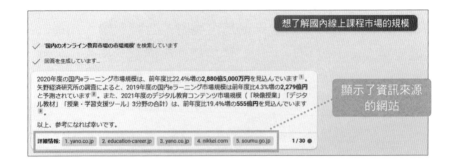

接著再問「國內工作技能線上課程市場有哪些公司」這個問題。

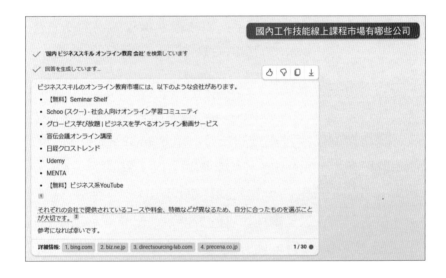

雖然 Bing 回答的速度比 ChatGPT 慢，卻會告訴我們資訊來源（參考資料），而且 Bing 也會列出其他適當的問題，讓使用者進一步思考。

在調查業界或市場時，分析是非常重要的步驟，最有效率的方式就是利用思考框架分析。這次要試著利用 PEST 分析與 5forces 分析這兩種思考框架。關於思考框架的部分，會於本章的最後說明。

 請利用 PEST 思考框架，分析國內工作技能線上課程市場。

 PEST 分析是分析政治、經濟、社會與技術這四種元素的思考框架。下列是以 PEST 分析這個思考框架，分析國內工作技能線上課程市場的結果。

政治：
政府的教育政策會對線上課程市場造成影響。當教育相關法規改變，線上課程企業就有可能受到影響。

經濟：
隨著數位科技進步，線上課程市場也會持續成長。經濟不穩定，每個人就有可能減少投資自己的金額。

社會：
每個人都想投資自己，線上課程市場就會擴大。在 COVID-19 疫情的影響之下，許多人開始使用線上課程。

技術：

線上課程市場隨著網路普及而成長。技術的進步能幫助人們開發更高階的教育內容與平台。

綜上所述，線上課程市場會隨著政治與經濟的狀況而受到影響，卻會隨著社會的需求與技術的進步而成長。

提示詞範例 4-2 　思考框架應用 2（5forces 分析）

請利用 5forces 思考框架，分析國內工作技能線上課程市場。

下列是以 5forces 分析這個思考框架，分析國內工作技能線上課程市場的結果。

1. 來自競爭對手的威脅（競爭的激烈程度）
   · 線上課程市場已有許多競爭對手，競爭激烈。
   · 引領市場的 Udemy 或是 Coursera 這類龍頭企業具有相當的品牌知名度，也透過大量的宣傳費用，所以市占率也遠遠高於其他競爭對手。
   · 另一方面，小型企業或是新興企業可針對特定領域提供高階教育內容，藉此獲得競爭優勢。

2. 顧客的議價能力（顧客的影響力）
   · 線上課程市場的顧客非常多元，有些是業界專業人士，有些是學生。
   · 顧客較多元的線上課程企業必須根據顧客的需

求，提供不同的教育課程與價格。

【以下省略】

像這樣使用思考框架就能得到更全面、更多元的資訊。也可以透過思考框架整理資訊，幫助公司同事或是客戶更快吸收這些資訊。

 善用思考框架

所謂的思考框架不僅是職場的用語，也是程式設計或是各領域的用語，簡單來說，就是用於解決問題的具體步驟或是思考流程。在此依照目的分類，介紹 16 個常於職場使用的思考框架以及相關的提示詞範例。

分析

①邏輯樹
將大問題分解成小問題的思考框架。

 User　請透過邏輯樹思考框架，整理國內工作技能線上課程市場的現況。

 Chat GPT　透過邏輯樹思考框架整理國內工作技能線上課程市場的現況之後，可得到下列的結果。

1. 工作技能的需求上升
1.1. 隨著企業的全球化，越來越需要增進工作技能。
1.2. 在 COVID-19 的影響之下，遠端工作與電子商務也跟著增加，所以需要相關的工作技能。
2. 線上課程市場不斷擴大
2.1. 網路環境漸趨完備，線上學習也越來越普及。
2.2. 在 COVID-19 的影響之下，面對面上課變得十分困難，線上課程的市場也因此不斷擴大（提示詞範例）。

【以下省略】

② MECE（參考 P134）

「彼此獨立，互無遺漏」的思考框架。

提示詞範例

 User 請透過 MECE 思考框架，整理國內工作技能線上課程市場的商業模型。　　　　＊省略回答的部分

提出創意

③ SCAMPER 奔馳法（參考 P146）

激發創意的七個觀點。

 User 想針對工作技能線上課程設計新服務，請利用 SCAMPER 法提供想法。

試著利用 SCAMER 法針對工作技能線上課程提出可行的新服務。

S-Substitution（替換）
取代傳統的線上工作技能教育，開發更有效的教育方式。

利用 AI 提供自我學習的課程

C-Combination（組合）
結合工作技能教育與人力資源服務，將受過教育的人才介紹給企業。

【以下省略】

④奧斯本檢核表（參考 P148）
激發創意的九個觀點。

提示詞範例

 想針對工作技能線上課程設計新服務，請利用奧斯本檢核表提供想法。　　　　*省略回答的部分

市場分析

⑤ PEST 分析（參考 P115）
透過 **Politics**（政治）、**Economy**（經濟）、**Society**（社會）和 **Technology**（技術）這四個元素分析。

User 透過 PEST 思考框架，分析國內的工作技能線上課程市場。 * 省略回答的部分

⑥ **5forces 分析（參考 P116）**

透過①業內競爭對手、②替代產品、③業界新進者、④顧客的議價能力和⑤供應商的議價能力

 User 透過 5forces 思考框架，分析國內的工作技能線上課程市場。 * 省略回答的部分

商業模型

⑦**商業模式圖**

將商業分成九個元素再進行分析，適合釐清現狀與擴張現有的事業。

User 想針對工作技能線上課程設計新服務，請利用商業模式圖整理下列的創意（*）。

【* 商業創意另行記載】 * 省略回答的部分

⑧精實畫布法（參考 **P157**）

將商業細分成九個元素之後再進行分析，適合創業與驗
證假說。

> **User** 想針對工作技能線上課程設計新服務，請利用精實
> 畫布法整理下列的創意（＊）。
>
> 【＊商業創意另行記載】　　　　＊省略回答的部分

自家公司的分析

⑨ **3C** 分析

從自家公司（**Company**）、競爭對手（**Competitors**）
和顧客（**Customer**）三個觀點分析。

`提示詞範例`

> **User** 以 3C 分析這種思考框架，分析工作技能線上課程
> 市場的○○公司（＊）。
>
> 【＊知名企業的話，可以只輸入公司名稱，否則得另
> 外輸入自家公司的狀況】　　　　＊省略回答的部分

⑩ **SWOT** 分析

分 析 **Strengths**（ 強 項 ）、**Weaknesses**（ 弱 項 ）、
Opportunities（機會）和 **Threats**（威脅）四個項目。

`提示詞範例`

> **User** 透過 SWOT 思考框架，分析工作技能線上課程市場的○○公司（*）。
>
> 【*知名企業的話，可以只輸入公司名稱，否則得另外輸入自家公司的狀況】　　　　*省略回答的部分

顧客分析

⑪ 顧客區隔（參考 P140）

將市場（顧客）分成不同區間。

提示詞範例

> **User** 請透過顧客區隔法，找出工作技能線上課程市場有哪些顧客（*）。
>
> 【*最好具體說明自家公司的服務】
>
> 　　　　　　　　　　　　　　*省略回答的部分

⑫ 顧客旅程（參考 P141）

整理特定顧客（顧客區隔）的體驗全貌。

提示詞範例

> **User** 思考工作技能線上課程的【目標族群】的顧客旅程（*）。
>
> 【*最好具體說明自家公司的服務】
>
> 　　　　　　　　　　　　　　*省略回答的部分

產品／服務的分析

⑬ 價值鏈

分析生產商品、服務到消費的完整過程。

 User 請告訴我工作技能線上課程的價值鏈（*）。

【*最好具體說明自家公司的服務】

* 省略回答的部分

⑭4P 分析

分析宣傳、價格、產品和地點四個元素。

User 請利用 4P 思考框架，分析工作技能線上課程市場（*）。

【*最好具體說明自家公司的服務】

* 省略回答的部分

行銷

⑮ 行銷漏斗

分段分析產品從生產到消費者購買的流程。

想知道工作技能線上課程的行銷策略,請透過行銷
漏斗提出建議(*)。

【*最好具體說明自家公司的服務】

*省略回答的部分

⑯AARRR 模型

以獲得用戶(Acquisition)、活躍度(Activation)、
留 存 率(Retention)、 推 薦(Referral) 和 收 入
(Revenue)流程進行分析。

提示詞範例

User 想知道工作技能線上課程的行銷策略,請透過
AARRR 模型提出建議(*)。

【*最好具體說明自家公司的服務】

*省略回答的部分

第 4 章

研擬企劃

▶ 利用 ChatGPT 研擬企劃

不管是哪個部門，都會需要研擬企劃。

以經營企劃部為例，必須試著規劃新事業，至於行銷部得規劃新的行銷策略，而產品開發部則必須試著替產品追加新功能，客服部則需要思考該如何讓顧客使用產品，會計部則要提升營運效率，而這些都是上班族必須面對的工作。

把 ChatGPT 應用在企劃發想上，順利的話，可讓ChatGPT 快速地提供大量創意，瞬間提升工作效率。

▶ 研擬企劃的常見課題

在研擬企劃時，常常會遇到下列課題。

- **難以掌握現況。**
- **不知道課題或機會在哪裡。**
- **想不到創意。**
- **資訊多得難以整理。**

首先是「難以掌握現況」這點，研擬企劃時，掌握現況是非常重要的一環，但是掌握現況比想像中困難又複雜。

在掌握現況之後，要從中找出課題與改善的部分，但這

個部分沒有公式，而且就算找出課題與機會，也沒那麼容易想到相關的創意。

　　就算真的想到創意，還得向公司內部的人簡報，或是將資料整理成提案書。要將資訊整理成簡單易懂的格式，往往曠日廢時。

 ## 研擬企劃的流程

　　在介紹應用 ChatGPT 的方法之前，先整理研擬企劃的流程。

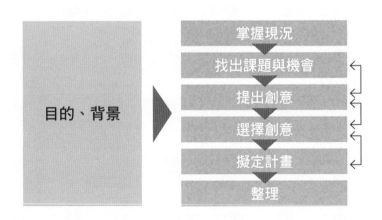

　　在掌握目的與背景之後，第一步是掌握現狀，接著從中找出課題或是改善的機會，並根據課題與機會找出可行的創意，再從中選擇最適當的一個，然後根據這個創意擬定行

程、預算以及推行步驟。最終將這些計畫整理成簡單易懂的格式，分享給公司內部的其他人。這就是最常見的流程。

找出課題與機會，創意發想、篩選以及擬定計畫都不是單向通行的流程。一般來說，會在這些階段往返，直到擬出最終計畫為止。

比方說，找到特定課題的創意之後，有時會因為其他的課題較為優先，必須重新尋找新的創意。此外，在思考具體的計畫時，有可能會發現之前找到的創意不太可行，而必須重新尋找創意。

換言之，擬定計畫就是不斷嘗試與失敗的過程，但是，若懂得使用 ChatGPT，將可讓這個流程變得更順利。

▶ ChatGPT 在研擬企劃的價值

在此為大家整理 ChatGPT 在研擬企劃的價值（優點）。

業務流程	ChatGPT 的價值
掌握現況	可幫我們整理市場或業界的現況
找出課題與機會	可提出各種課題與機會
提出創意	可大量提供創意
選擇創意	可幫忙比較與篩選
擬定計畫	可提出事業計畫或是數值計畫
整理	可幫忙整理與摘要資訊

在「掌握現況」的部分,其實在前面介紹收集資訊與研究的工作也提過,ChatGPT 與 Bing 都能幫忙整理市場與業界的現況。

在「找出課題與機會」的部分,ChatGPT 可提出各種可能性。相關的細節會於後續介紹,但只要利用「其他」這個提示詞,就能得到人類想都想不到的大量假說。

除了找出課題與機會之外,ChatGPT 還能提供具體的改善方案或是創意。利用「其他」這個提示詞可讓 ChatGPT 提供近乎無限的創意,為我們節省大量的時間。

此外,只要告訴 ChatGPT 比較創意的觀點,ChatGPT 就會告訴我們哪個創意比較符合理想。也能讓 ChatGPT 根據特定創意擬定計畫,或是製作相關的待辦事項表,真的很省事。

再者，能請 ChatGPT 幫忙整理與摘要資訊。比方說，利用「請說得更簡單易懂一點」或是「請根據指定的項目整理資訊」這類提示詞，ChatGPT 就會依照提示詞整理資訊。

▶ ChatGPT 辦不到的事

下列是 ChatGPT 在研擬企劃的價值，以及對應的限制內容。

ChatGPT 的價值	ChatGPT 的限制
可幫我們整理市場或業界的現況	只能提供一般論、概論與舊資料。無法取得各公司的最新資訊，也無法掌握第一線的現況（*1）。 資訊來源不明，資訊過於老舊（*2）。
可提出各種課題與機會 可大量提供創意	只能提供一般論或是過去的見解。無法針對特定情況提出企劃，也無法提出前所未有的企劃。
可幫忙比較與篩選	只是流於一般論的比較，無法針對特定情況、對方的傾向提出企劃。
可提出事業計畫或是數值計畫	只是一般性的整理，數值常常會出錯。
可幫忙整理與摘要資訊	無法根據特定情況或是對方的傾向研擬企劃，必須另外製作資料（*3）。

*1　Office 相關軟體將提供分析特定情況的功能，如此一來就能「①詢問特定人物或是企業的現況」與「②根據郵件、月曆收集各種資訊與釐清現況」。
出　處：「The Future of Work With AI - Microsoft March 2023 Event」
https://www.youtube.com/watch?v=Bf-dbS9CcRU
*2　想要取得最新資訊可改用 Bing。
*3　今後只要指定 Word 的原稿，AI 就能自動製作簡報資料。
出　處：「The Future of Work With AI - Microsoft March 2023 Event」
https://www.youtube.com/watch?v=Bf-dbS9CcRU

ChatGPT 提供的是市場或業界的一般論，或是過去的資料，無法取得特定公司的最新動向，或是第一線的現況（搭配 Bing 或 Gemini 可解決這個問題）。

此外，ChatGPT 只能根據過去的知識提出創意或計畫，無法針對特定情況思考。所以使用者必須自行判斷這些創意或是計畫，是否適用於公司或是事業。

ChatGPT 可幫忙研擬初步的事業計畫，但是計畫中的數值或是事實卻常會出錯，尤其免費版（GPT-3.5）更是容易計算錯誤，所以我們不能照單全收，必須驗證數值或是確認事實。

在整理與摘要資訊的部分，ChatGPT 不會根據使用者的個人情況整理，所以使用者還是得自行編輯，才能讓資訊變得更簡單易懂。

ChatGPT 雖然是很厲害的工具，但千萬不能忘記，它不過是件輔助工具，使用者還是得自行判斷真偽。

整理市場與顧客現況 & 找出課題與新機會

這部分的內容與第 3 章「收集資訊 & 研究」會有部分重疊，但是會介紹適用於研擬企劃的具體方法。

這次的前提是，思考工作技能線上課程市場的新事業，所以第一步要先掌握市場。事不宜遲，先從提示詞範例開始介紹。

提示詞範例 1-1　基本（掌握市場現況）

 User 請告訴我工作技能線上課程市場的現況。

Chat GPT 在 COVID-19 的影響之下，工作技能線上課程市場急速成長。許多專家、創業者、管理人員和上班族都能隨時在家裡或是辦公室學習需要的工作技能。

這個市場提供了各種形式的線上課程。比方說，影片、直播線上研討會、隨選課程、線上證照考試，平台包含 Udemy、Coursera、edX、LinkedIn Learning、Skillshare、Masterclass。

市場規模於 2021 年的時候超過一兆圓，今後的幾年內應該會急速成長。由於許多人都需要學習更多工作技能，所以工作技能線上課程市場應該會繼續擴張。

另一方面，這個市場的競爭非常激烈，而且由部分

的平台寡占，所以新平台很難打進市場。課程的品質或內容也依舊是有待解決的課題，而要解決這些課題，有待新科技或是新的教育方式開發。

雖然這些資訊不是最新的，但還是幫我們整理了市場規模或是競爭狀況的相關資料。

提示詞範例 1-2　　基本（掌握市場課題）

接著讓我們掌握市場課題。

 User 請告訴我工作技能線上課程市場的課題。

Chat GPT 工作技能線上課程市場具有下列的課題。

1. 課程品質良莠不齊：工作技能線上課程市場的競爭非常激烈，許多平台或是講師都想進入這個市場，所以課程的品質參差不齊仍是一大課題。
2. 內容老舊：由於商業趨勢或是科技變化極快，課程內容有可能過於老舊，為此，平台或是講師必須隨時提供最新資訊或是跟上潮流的內容。
3. 學習效果的評估：線上課程難以正確地評估學習者的進度與理解程度，所以如何正確評估學習效果也是課題之一。導入適當的評估方式，追蹤學習者的成長軌跡是非常重要的課題。

【以下省略】

ChatGPT 可像這樣列出各種課題。如果想要知道更多課題，可輸入「其他」，ChatGTP 會繼續列出其他課題。

在思考特定領域的商機時，得先掌握業界的現況，接著找出課題，再針對這些課題思考新服務、事業與創意，而 ChatGPT 可加速這個流程。

▶ 透過思考框架編排回答內容

接著在剛剛的提示詞之後，追加使用思考框架的提示詞。簡單來說，用於解決問題的具體步驟或是思考流程（細節請參考 P117）。

這次使用的是「MECE」與「邏輯樹」這兩種思考框架。MECE 是「彼此獨立，互無遺漏」的思考框架，而邏輯樹是「將大問題分解成小問題」的思考框架。

提示詞範例 2-1   思考框架應用 1

 User 請利用 MECE 與邏輯樹，整理工作技能線上課程市場的現況。

 Chat GPT 利用 MECE 與邏輯樹，整理工作技能線上課程市場的現況後，可得到下列的結果。

I. 線上課程市場的概要

A. 規模

B. 成長率

C. 主要企業

II. 工作技能線上課程市場的概要

A. 何謂工作技能

B. 工作技能線上課程市場的規模

C. 成長率

D. 主要企業

【中略】

X. 工作技能線上課程市場的規範

A. 規範的種類

B. 規範的影響

C. 規範的變化

以上是根據 MECE 與邏輯樹，整理的工作技能線上課程市場現況。

【以下省略】

　　ChatGPT 幫忙整理了 I ～ X 的觀點，還針對「線上課程市場的概要」與「工作技能線上課程市場的概要」這類大項目列出了小項目。

　　要注意的是，雖然我們要求 ChatGPT 根據「MECE」整理資訊，但是 ChatGPT 不一定真的整理出「彼此獨立，互無遺漏」的資訊，還是得自行檢查一遍才行。但儘管如此，這種輸出結果還是比資淺的新人來得更詳盡，而且還是

瞬間提供的結果，這真的是快得令人難以置信。

　　不過目前只列出了各項目，卻沒有說明各項目的內容。如果想要進一步了解內容，可跟 ChatGPT 說「請分別說明上述項目的內容」，ChatGPT 就會進一步說明。

 User　請分別說明上述項目的內容。

 Chat GPT　針對您的詢問，進行下列的說明。

　　I. 線上課程市場的概要
　　A.規模：線上課程市場於 2020 年的規模約為 2,000
　　　億美元，預計在 2025 年成長至 3,900 億美元的
　　　規模。
　　B.成長率：線上課程市場正在急速成長，預計 2020
　　　年到 2025 年的平均成長率為 17.9%。

　　【以下省略】

　　ChatGPT 提供的答案不一定正確，數據也有可能太過老舊，但是瑕不掩瑜，能瞬間整理出高水準資訊的 ChatGPT 還是有其應用價值所在。

提示詞範例 2-2　思考框架應用 2

　　接著讓我們針對課題提出相同的要求。

請透過 MECE 與邏輯樹，整理工作技能線上課程市場的課題。

針對您的詢問，進行下列的說明。

I. 教育內容的課題

A.品質低落：隨著線上課程市場擴大，品質有可能下滑。

B.著作權問題：對教育者與學生來說，線上課程的著作權是一大課題。

C.內容的多元性：內容的多元性不足，學習者無法學到所有必要的技能。

【以下省略】

　　ChatGPT回答了與「提示詞範例1-2」（P133）相近的答案，也列出了幾個項目，但這次希望ChatGPT根據MECE與邏輯樹整理資訊，所以ChatGPT全面收集了資訊，還將這些資訊分成不同的階層。

　　相較於「告訴我課題」，這種經過整理的資訊更容易理解。如果針對單一項目提出「請進一步說明○○項目」，也能進一步了解這個項目。

在整理現狀與找出課題之後，接著要找出商機。

這次要利用多次介紹的 markdown 標記方式輸入較長的提示詞。在「## 現狀課題」下方，貼入剛剛提示詞範例的回答。

提示詞範例 3　　追加現狀課題

User # 找出新商機

工作技能線上課程市場具有下列的「現狀課題」，想知道在這些課題中，哪些課題（機會）與新服務有關。

現狀課題（*）
I. 內容的品質良莠不齊
A. 講師的品質參差不齊
B. 教材的品質良莠不齊

II. 學員的學習效果差異
A. 對課程內容的理解度的差異
B. 學習環境造成的差異

【以下省略】
【*將「提示詞範例 2-2」（P136）篩選出來的課題貼在這裡】

下列的課題有助於找出新商機的部分。

利用 AI 輔助學習：利用 AI 掌握學員的理解程度與進度，提供最佳的學習計畫與回饋，藉此提供更有效的學習輔助服務。

透過 VR 或 AR 提供更真實的學習體驗：在各種工作技能中，有些需要實際體驗業務流程，或是試著實際談生意才能學會，利用 VR 或 AR 這類技術提供身歷其境的體驗，應該是可行的商機。

【以下省略】

ChatGPT 針對幾個有可能創造新商機的課題提出了創意。若想確認這些機會與前面提到的哪些課題對應，可詢問 ChatGPT「上述的機會與哪些課題對應」。

向 ChatGPT 發出上述這些提問之後，就能從眾多課題快速找出商機。但這終究其是提案，還是得自行判斷與選擇哪個提案適合自家公司。

分析市場與顧客

接著要針對工作技能線上課程市場或是顧客找出商機。要利用最後的提示詞找出這個領域有哪些顧客，而這些顧客又有哪些課題。

讓我們試著在提示詞使用兩種思考框架。

這次應用的是「顧客區隔」與「顧客旅程」這兩種思考框架。顧客區隔是區分市場（顧客）方法，顧客旅程是了解特定顧客使用商品或服務的整體流程（了解商品→購買商品→使用商品）。像這樣從顧客的觀點進行分析，就能了解現在需要哪些服務，以及現行的服務有哪些需要改善的部分。

User 想了解工作技能線上課程市場有哪些顧客區隔。

 工作技能線上課程市場的顧客雖然有很多種，但顧客區隔大致如下。

1. 想創業的創業家或是自由工作者：這些顧客會透過工作技能線上課程，學習創業所需的技能與知識。
2. 經營者與管理階層：有些經營者或是管理階層會希望提升領導能力或是管理能力，所以也會對這類課程產生興趣。

【以下省略】

ChatGPT 除了列出各種顧客區隔，還說明了這些顧客使用工作技能線上課程的理由。顧客區隔的數量是無限的，只要不斷地細分，最終就能找到特定的族群，但這麼一來，

市場會太小，所以細分至一定程度即可。將具有相同需求、課題、職業或是來自相同地區，分類為相同的族群，正是顧客區隔的思維。

提示詞範例 4-2　思考框架應用（顧客旅程）

接著使用顧客旅程這個思考框架。使用這個思考框架的重點在於正確指定「顧客區隔」，如果將顧客區隔指定為所有顧客，只會得到曖昧的答案。

 User 請告訴我工作技能線上課程中【＊輸入顧客區隔】的顧客旅程。

 Chat GPT 採用遠端工作模式的人的顧客旅程，通常可分成下列這些階段。

1. 鎖定課題與需求：採用遠端工作模式的人與在辦公室上班的人不同，會面對溝通的問題、工作排程的問題、工作與私生活維持平衡的問題，所以得先找出自己的課題與需求。
2. 搜尋與收集資訊：為了找到適當的工作技能線上課程，解決課題與滿足需求，通常會透過搜尋引擎、社群媒體或是線上社群收集資訊。

【以下省略】

ChatGPT 告訴我們特定的顧客區隔有哪些需求與課

題，也告訴我們要滿足這些需求或解決課題，需要做些什麼，也告訴我們該如何評估與比較這些解決方案，完整呈現整個顧客旅程。

如果想要進一步了解，可向 ChatGPT 提出「告訴我這個顧客旅程的具體範例」，就會得到下列的答案。

 在此列出採用遠端工作模式的人，於工作技能線上課程的顧客旅程具體範例。

鎖定課題與需求：剛開始採用遠端工作模式的人往往得面對溝通問題，也會在此時找出自己的課題與需求，以及覺得自己必須提升溝通技巧。

搜尋與收集資訊：透過網路搜尋引擎調查工作技能線上課程。比方說，會利用「遠端工作模式 溝通技巧 線上課程」這類關鍵字搜尋。

【以下省略】

 應用範例 2　提出企劃的創意

在此介紹提出創意的方法，也能於事業企劃、行銷計畫、改善營業流程和改善業務流程這些部門的工作中應用。讓我們一起了解提出新事業相關創意的例子。

> **User** 請告訴我工作技能線上課程市場的新事業相關創意。

 工作技能線上課程市場的新事業相關創意如下。

1. 專案課程：提供讓學生能實際負責的商案，實踐工作技能的課程，這種課程能讓學生與企業實際合作，學會職場必備的技能。
2. 客製化訓練：依照學生需要的技能提供量身打造的課程，讓學生根據自己的技能等級，有效率地學習需要的技能。
3. 社群教育：讓學生在社群互相學習，提升工作技能。在這類社群中，專家或是顧問會回答學生的問題，提供相關的訓練與心理諮詢服務。

【以下省略】

　　ChatGPT 提供了各種創意。如果不斷地輸入「其他」這個提示詞，可讓 ChatGPT 提出大量的創意，而且可以一直提問，直到 ChatGPT 回答了理想的答案為止，ChatGPT 不會嫌麻煩的。能無限提供創意，正是 ChatGPT 最大的價值之一。

　　將這個提示詞換成其他的字眼，就能於各種業務應用。比方說，換成「建立個人品牌課程」，ChatGPT 就能提供全新的創意。

User 想了解與建立個人品牌課程相近的其他創意。

Chat GPT 在此試著列出一些工作技能線上課程市場的新事業創意。

31. 簡報技巧訓練課題：提供強化簡報技巧這項職場必備技巧的訓練課程。學生可透過這項課程學會簡報的編排、設計以及溝通技巧。

【以下省略】

像這樣以「建立個人品牌課程」提問，ChatGPT 就會提供許多新創意。

提示詞範例 2　追加顧客與市場課題

在「提示詞範例 1」的時候，我們提出了不太精準的問題，而真實的職場通常得考慮「目標顧客」和「市場課題與機會」這類前提，所以讓我們試著輸入具有這些前提的提示詞。這次要利用 markdown 標記方式輸入提示詞，其中會利用「#」標記問題主旨，以及利用「##」設定條件。

讓我們在「目標顧客」與「市場課題與機會」輸入項目，再向 ChatGPT 提問。

User # 找出新商業創意

請根據下列的「目標顧客」與「市場課題與機會」找出五個工作技能線上課程市場的新事業創意。

目標顧客
・採用遠端工作模式的人

從之前的回答篩選需要的內容，再貼在這裡。

市場課題與機會

> ・內容的多元性：內容不夠多元，學習者無法學到所有需要的技能。
> ・難以自學：學習者很難自學。
> ・動力低落：學習者要透過線上課程持續學習，需要維持動力。
> ・評估的可信度：評估的可信度不足時，學習者無法得知訓練的價值。

1. 利用 AI 替個人打造最佳化的學習平台

讓 AI 根據學習者的學習狀況提供最佳課表的線上平台。比起自學，學習者可在 AI 的幫助之下，更有效率地學習。

2. 直播學習

線上學習雖然有難以自學的課題，但是提供定期直播學習，能讓學習者更有效果地學習，而且與教師的互動也能提升學習者的動力。

3. 由創作者打造的學習內容平台

讓多位創作者透過線上平台提供各種學習內容，學習者就能學到所有需要的技能。若能在學習者挑選學習內容的時候，採用評估系統，就能提高課程的可信度。

【以下省略】

回答的內容更貼近主旨，也更加具體了

提示詞範例 3 思考框架應用（SCAMPER 法、奧斯本檢核表）

接下來指定思考框架，得到更多元的創意。讓我們在剛剛的提示詞範例加入「以 SCAMPER 法提出新事業創意」這個條件。就是下列這七種尋找新創意的觀點。

① **Substitute**（替代）
② **Combine**（組合）
③ **Adapt**（調整）
④ **Modify**（修改）
⑤ **Put to other uses**（其他應用）
⑥ **Eliminate**（消除）
⑦ **Reverse,Rearrange**（重整）

User # 找出新商業創意

請根據下列的「目標顧客」與「市場課題與機會」（*），透過 SCAMPER 法找出工作技能線上課程市場的新事業創意。

目標顧客

・～

【* 輸入在「應用範例 1」（P132 ～ 142）找到的目標顧客】

市場課題與機會

· ～

· ～

【＊輸入在「應用範例 1」找到的課題與機會】

 試著利用 SCAMPER 法尋找新商機。

S（Substitute －替代）：
透過線上課程學習，如何維持學習動力是相當重要
的一環，所以可採用定期提供回饋的機制。比方
說，當學習者達成了目標或解決了課題，線上課程
的教師或教練可給予回饋或是建議。

C（Combine －組合）
為了難以自學的學習者而建立線上社群。如此一
來，學習者就能互相發問與交換意見，還能分享學
習進度，提升學習動力。

【中略】

R（Reverse －逆轉）
線上課程可逆轉評估可信度不足這個課題，要提供
評估的可信度，可採用證明訓練價值的系統。比方
說，提供學習者應用技能、知識的專案，讓學習者
在完成專案時，驗證學到的技能與知識。

利用 SCAMPER 法可如上找出線上課程市場的新商
機。針對遠端工作模式的人，提供更有效果的線上
課程，能有效強化他們的工作技能。

ChatGPT 根據上述的七個觀點提供了創意。

接著讓我們試用「奧斯本檢核表」這種思考框架,這是找出新創意的九種觀點。由於這個思考框架是以 SCAMPER 法為藍圖,所以觀點也相似。

① **Put to other uses**(其他應用)
② **Adapt**(調整)
③ **Modify**(修改)
④ **Magnify**(擴大)
⑤ **Minify**(縮小)
⑥ **Substitute**(替代)
⑦ **Rearrange**(重整)
⑧ **Reverse**(逆轉)
⑨ **Combine**(組合)

User # 找出新商業創意

請根據下列的「目標顧客」與「市場課題與機會」(*),透過奧斯本檢核表找出工作技能線上課程市場的新事業創意。

目標顧客

·～

【*輸入在「應用範例1」(P132～142)找到的目標顧客】

市場課題與機會（*）

· ～

· ～

【*輸入在「應用範例 1」找到的課題與機會】

 試著利用奧斯本檢核表找出新商業創意。

1. Task unification（任務合成）：在線上課程內容加入線上教練的一對一面談時間，為學習者提供量身打造的服務。這個創意可幫助難以自學的學習者。

2. Attribute dependency change（變更屬性依存）：在線上課程追加根據學習進度自動調整課程難度的功能。這個創意可維持學習者的學習動力。

【以下省略】

ChatGPT 提出了這些新創意。還有很多能幫助我們提出新創意的思考框架，請大家務必多方嘗試。

提示詞範例 4　製作命名提案

找到商業創意後，接著要思考名稱。讓我們根據剛剛的創意，請 ChatGPT 幫忙命名。

 # 新商業創意的命名

請依照下列的「商業創意」與「目標顧客」提出 10

個命名提案。

商業創意（*）

‧～～～

【*輸入在「提示詞範例 1～3」（P143～149）找到的創意】

目標顧客（*）

‧～

【*輸入在「應用範例 1」找到的目標顧客】

1. SkillMate AI
2. LearnBoost
3. SkillMatchPro
4. AI PathFinder
5. StudyHub

【以下省略】

可以不斷地輸入「其他」，直到 ChatGPT 提供理想的答案為止。

應用範例 3　**製作計畫**
（事業計畫、待辦事項表、收支表）

ChatGPT 也可以幫忙製作事業計畫、待辦事項表或收支表。雖然回答的內容有點粗糙，數值也有可能出錯，卻能

幫我們快速完成最初的草案。

讓我們針對剛剛的「應用範例 2」（P142）提出的商業創意，思考事業計畫、待辦事項表與收支表。

第一步，先讓 ChatGPT 幫忙製作事業計畫。

提示詞範例 1-1　基本（事業計畫）

User 請針對下列的商業創意製作事業計畫。

商業創意（*）
・利用 AI 提供的學習技能配對服務 & 學習平台。

商業創意的細節
・分析學習者的技能組合或是過去的職涯，再由 AI 提供最佳的課表或課程，解決內容多元性不足的問題。此外學習者若無法自學，由 AI 提供有效率的學習方法。
・為了解決學習動力不足這個線上學習常見的問題，提供學習者彼此交流與學習的平台。此外，設立教育者與學習者直接互動的場合，可維持學習者的動力。

【*輸入在「應用範例 2」（P142 ～ 150）找到的商業創意】

 下列是這個商業創意的事業計畫概要。

商業模型
・採用訂閱制的商業模型，從學習者的月費獲利。

．也可試著從內容提供者獲利。

目標
以學習者、教育者、企業的培訓部門為目標。
．主要是於英語圈或是亞洲國家推廣。

服務特徵
．由 AI 提供最適當的課表或課程，讓學習者在最短
的時間之內學會技能。

【以下省略】

提示詞範例 1-2　　指定細節

此外，也可以透過更細膩的條件提問。指定事業計畫相
關細節的提示詞如下。

> User　# 擬定事業計畫
> 請根據下列的「商業創意」與「事業計畫項目」擬
> 定事業計畫。
>
> ## 商業創意
> ．利用 AI 提供的學習技能配對服務 & 學習平台
>
> ## 商業創意的細節
> ．分析學習者的技能組合或是過去的職涯，再由 AI
> 提供最佳的課表或課程，解決內容多元性不足的
> 問題。此外學習者若無法自學，由 AI 提供有效率

的學習方法。

・為了解決學習動力不足這個線上學習常見的問題，提供學習者彼此交流與學習的平台。此外，設立教育者與學習者直接互動的場合，可維持學習者的動力。

事業計畫項目
1. 企業概要
   - 企業願景與任務
   - 事業概要
   - 競爭環境
   - 顧客群、目標市場

2. 產品、服務
   - 產品、服務概要
   - 特徵、優勢
   - 售價
   - 銷售方法

3. 行銷策略
   - 宣傳產品或服務的方法
   - 市場調查結果
   - 綜合行銷策略（4P：產品、價格、宣傳、地點）

4. 組織、人才
   - 介紹經營團隊與董事
   - 員工的人數與編制
   - 組織的架構與體制
   - 人才錄用、培訓與留住人才的方法

與「提示詞範例 1-1」的商業創意相同

5. 資金調度
 - 資金調度計畫與目標
 - 資金調度方法（股票、債券、貸款）
 - 資金用途

6. 財務預測
 - 獲利預估
 - 支出預估
 - 利益預估
 - 現金流預估

7. 風險管理
 - 釐清與評估風險
 - 應對與管理風險的方法

8. 營運
 - 開發、製造與提供產品、服務的方法
 - 物流與供應鏈的管理
 - 品質管理

9. 技術、智慧財產權
 - 介紹技術的優勢與專業知識
 - 管理專利、商標、著作權這類智慧財產權的方法

10. 法務
 - 遵守法律與規範的對策
 - 管理契約
 - 保護智慧財產權

【事業計畫】

1. 企業概要
· 企業願景與任務
· 願景：利用 AI 輔助學習，擴展每個人的學習潛力。
· 任務：透過 AI 提供學習技能配對服務與學習平台，打造每個人都能自由學習的社會。
· 事業概要：透過 AI 提供學習技能配對服務與學習平台。
· 競爭環境：其他線上課程平台、教育服務的供應商。
· 顧客群、目標市場：學習者、企業研修、學校、教育機構。

2. 產品、服務
· 產品、服務的概要：透過 AI 提供學習技能配對服務與學習平台。
· 特徵、優勢：分析學習者的技能組合與職涯，提供最適當的課表或課程，讓學習者學到需要的技能。提供學習者互相交流的平台，進而提高學習動力。
· 售價：月費、特定期間的使用權、課程買斷
· 銷售方法：線上銷售、業務工作與異業合作。

【以下省略】

雖然每個項目的回答都不夠深入，但是當 ChatGPT 幫

忙做到這個地步，後面就會輕鬆許多。

提示詞範例 2　製作待辦事項表

　　接著要請 ChatGPT 製作實現事業計畫所需的待辦事項表。除了事業計畫之外，也能針對其他業務製作待辦事項表的服務。

User 請製作實現下列商業創意所需的待辦事項表。

商業創意（＊）

・～～～

【＊輸入在「應用範例 2」（P142 ～ 150）找到的商業創意】

 1. 製作商業計畫
　　・釐清目的、願景與任務
　　・定義目標使用者
　　・調查競爭對手與擬定市場區隔策略
　　・設計獲利模型
　　・擬定行銷策略
2. 開發 AI 演算法
　　・收集分析學習者技能組合與職涯所需的資料
　　・建置 AI 模型
　　・提升 AI 模型精確度的資料微調
　　・實際訓練 AI 模型

【以下省略】

由於這個範例是事業計畫的待辦事項表，所以內容有些抽象。如果是活動的待辦事項表，內容就會更加具體。此外，若能事先決定於何時開始，於何時結束，ChatGPT 還能幫忙製作行程表。

　　在遇到第一次處理的工作時，往往不知道需要處理哪些業務，此時不妨先問 ChatGPT，再分段處理這些業務，應該就能順利完成工作。不過，ChatGPT 也可能提供錯誤的方法或是有些疏漏之處，所以請大家把 ChatGPT 的意見當成參考就好，千萬不能照單全收。

　　提示詞範例 3　　思考框架應用

　　接著要試著使用商業模型的思考框架（精實畫布法），這是將商業分成九個元素，再分析的思考框架。

　　①顧客區隔
　　②價值主張
　　③通路
　　④顧客關係
　　⑤收益來源
　　⑥關鍵活動
　　⑦關鍵夥伴
　　⑧關鍵資源
　　⑨成本結構

透過這個思考框架，可鉅細靡遺地整理事業計畫所需的
各項環節。

 User 請針對下列的商業創意，以精實畫布法擬出事業計
畫的概要。

商業創意（*）
‧利用 AI 提供的學習技能配對服務 & 學習平台

商業創意的細節
‧分析學習者的技能組合或是過去的職涯，再由 AI
提供最佳的課表或課程，解決內容多元性不足的
問題。此外學習者若無法自學，由 AI 提供有效率
的學習方法。

【以下省略】
【* 輸入在「應用範例 2」（P142 ～ 150）找到的商
業創意】

Chat GPT 精實畫布法

顧客區隔
‧學習者
‧教育者
‧教育機構

價值提案
‧透過 AI 提供最佳的課程與內容

提供有效率的學習方法

・讓學習者彼此交流的學習平台並提供表單

【以下省略】

提示詞範例 4　　思考變現的方式

　　接著要思考收支計畫，也就是要請 ChatGPT 思考賺錢
（變現）或是獲利計畫。首先問 ChatGPT 變現的方法。

User 請針對下列的商業創意思考變現的方法。

商業創意（*）
・利用 AI 提供的學習技能配對服務 & 學習平台

商業創意的細節
・分析學習者的技能組合或是過去的職涯，再由 AI
　提供最佳的課表或課程，解決內容多元性不足的
　問題。此外學習者若無法自學，由 AI 提供有效率
　的學習方法。

【以下省略】
【* 輸入在「應用範例 2」找到的商業創意】

 讓商業創意變現的方法如下。

1. 設置付費會員制
透過付費會員制，可從學習者身上獲利。學習者若
是成為付費會員，就能得到更多課表與課程，還能
使用平台提供的交流功能，以及與教育者互動，得

到其他類似的優惠。

2. 只透過提供內容獲利
以付費的方式提供部分內容,藉此在學習者使用課表或是課程時獲利。此外,可與教育機構或是企業合作,提供量身打造的內容。

【以下省略】

可以像這樣請 ChatGPT 提供想法,幫助我們快速完成收益計畫或是收支計畫。

提示詞範例 5　　擬定收支計畫

接著要請 ChatGPT 擬定設定了目標數值的收支計畫。

User # 擬定收支計畫
想要針對下列的「商業創意」擬定收支計畫。
請根據「目標數值」擬定收支計畫。

商業創意(＊)
・～～～
【＊輸入在「應用範例 2」找到的商業創意】

目標數值
・○年後的營業額:○圓
・○年後的營業利益:○圓

擬定收支計畫之際，需要顧及商業創意的細節，設定下列這類假設與訂立計畫。

收入
・學習平台的會員費：每月 5,000 圓（實施第一年僅需 2,000 圓的活動）
・銷售學習內容：每次 5,000 圓（實施第一年僅需 2,000 圓的活動）
・來自教育機構的收入：每年 200 萬圓（第一年為 0 圓）

費用
・人事費：每年 5,000 萬圓
・開發費：每年 2,000 萬圓
・廣告費：每年 3,000 萬圓
・伺服器費用：每年 1,000 萬圓
・辦公室費用：每年 1,000 萬圓
・其他費用：每年 2,000 萬圓

試著根據上述的成本擬定收支計畫。

第 1 年
・會員數：1,000 人
・每月平均購買次數：1 次
・平均購買金額：5,000 圓
・全年營業額：1,200 萬圓（會員費：960 萬圓、銷售學習內容：240 萬圓）
・營業利益：-1,500 萬圓（費用合計：3,000 萬圓）

【以下省略】

ChatGPT 可像這樣提供各年度的計畫。不過，一堆數字不太容易閱讀，所以可請 ChatGPT「整理成表格」。

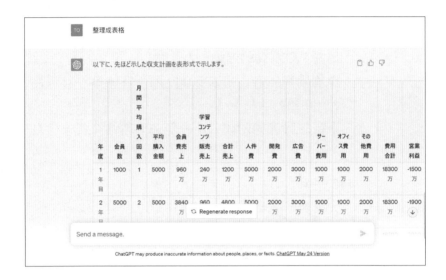

整理成表格之後，就更容易閱讀了。也可以將這個表格貼進 Excel。要注意的是，**ChatGPT 提供的數值或是計算結果常常有誤**，尤其 GPT-3.5 的錯誤更多，所以這些項目或是想法都僅供參考，數值的部分還是需要自行驗證。

第 5 章

應用 IT 工具

▶ 請 ChatGPT 協助我們使用 IT 工具

「數位」、「DX」這些名詞已於大部分的企業普及，而在這股潮流之下，應用各種科技工具的需求也越來越高，有些工作甚至需要「自己撰寫 Excel 巨集」或是利用「RPA（Robotic Process Automation）工具自動執行例行公事」。

ChatGPT 也能幫助我們應用這些科技工具，比方說，可以請 ChatGPT 告訴我們該怎麼使用科技工具，或是請 ChatGPT 幫忙撰寫與修改巨集或是程式，許多工程師或是程式設計師也越來越常使用 ChatGPT 這類生成式 AI。

▶ 應用 IT 工具的常見課題

首先，試著列舉一些在職場應用科技工具的常見課題。

- ・沒有會使用科技工具的人。
- ・沒有人說明科技工具的使用方法。
- ・預算不夠，無法從外部請來專家。
- ・無法善用科技工具，生產力不足。

許多公司都為了提升生產力而打算採用新的科技工具，但常常會遇到沒有會使用這些科技工具的人，也沒有人可以

負責教學，更沒有聘請外部講師教學或是購買教材的預算，最終演變成擁有科技工具，卻不知道該怎麼使用，無法提升生產力的窘境。

如果是這樣，當然無法提升公司產值。假設競爭對手利用這類工具提升了產值，就很有可能會被超越，這對規模不大或是預算有限的組織，都是致命的打擊。

▶ 應用 IT 工具的流程

在思考以 ChatGPT 解決這些課題的方法之前，先試著整理應用科技工具的流程。

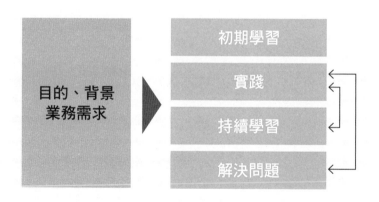

第一個階段是初期學習。在這個階段會學習基本操作以及相關的用語，接著是實際使用這項工具，讓學到的知識得以應用。在使用過程中遇到不懂的部分或是新功能的話，則

透過一些資料再次學習。如果發生錯誤，或是遇到不可預期的問題，則試著尋找解決方法。在經過這一連串的流程之後，慢慢地熟悉工具的使用方法，這也是學會科技工具的常見流程。

實踐、學習和解決問題可說是一個循環。使用工具可進一步了解工具，進一步嘗試新的應用方法，遇到新的問題之後，再試著學習相關知識，解決這個問題。採用各種工具都會遇到這個流程。

ChatGPT 在應用 IT 工具的價值

下方表格為大家整理出 ChatGPT 於應用科技工具的價值（優點）。

應用流程	ChatGPT 的價值
初期學習	以各種方式說明使用方法或是概念
實踐	能製作範本與提出實例 （例如撰寫公式、函數或是程式碼）
持續學習	（與初期學習相同）
解決問題	可透過各種方式告訴我們出現錯誤的理由 可幫忙校閱輸出結果

在「初期學習」的部分，ChatGPT 可為我們說明基本操作與概念，不過，不太建議一開始就利用 ChatGPT 學習，因為 ChatGPT 雖然會回答問題，卻無法系統性地說明該工具的本質，所以在什麼都不清楚的狀況下，不建議透過 ChatGPT 學習。

因此，**一開始先透過書籍、線上課程和教學影片，系統性學習比較好。**

在學習過程中，通常會遇到問題或是錯誤。在遇到這類挫折時，ChatGPT 可說是最強的幫手。如果遇到無法理解或是疑惑的部分，可試著請教 ChatGPT。

ChatGPT 會透過各種例子或是方式解說，而且我們可以不斷地發問，直到了解為止。如此一來，學習效率就會提升，也會更熟悉這項工具。

ChatGPT 當然也能在「實踐」的階段派上用場。在書籍、網路文章和影片中介紹的實例，常常都與自己的工作無關，或是與自己想做的事情有點不一樣。

此時可請 ChatGPT 提供符合需求的答案。比方說，「我想利用 Excel 完成這件事，請幫我撰寫公式、函數或是巨集」，ChatGPT 就會幫忙撰寫。

我自己也學過一點程式設計，但本職並非工程師，所以不太知道該怎麼從零開始撰寫程式，就連在試算表寫個自動轉換的程式，我也覺得很困難。

不過，若是使用 ChatGPT，就能快速地幫忙撰寫程式，而且只要自己稍微修正一下，就能實際派上用場。所以

對我來說，ChatGPT 真的是很強大的工具。

此外，在使用工具或是撰寫巨集與程式的時候，通常會遇到各種錯誤，此時可以請 ChatGPT 提供解決方案，ChatGPT 還會連帶說明發生錯誤的原因。雖然我們也可以透過搜尋引擎尋找這類資訊，但要找到對症下藥的資訊，往往不是那麼容易。

ChatGPT 除了能告訴我們發生錯誤的原因，如果能讓 ChatGPT 知道我們進行了哪些操作或是撰寫的程式碼，ChatGPT 還能幫忙校對錯誤。

這讓人有種身邊有一位隨時能回答問題的老師的感覺，在對話框輸入自己撰寫的程式碼，ChatGPT 會幫忙指出其中的問題。這是透過書籍或是其他方式學習辦不到的。

▶ ChatGPT 辦不到的事

接著要根據剛剛說明的價值（優點），說明 ChatGPT 的限制。

ChatGPT 的價值		ChatGPT 的限制
以各種方式說明使用方法或是概念		無法系統性說明（建議搭配書籍） 資訊有可能太過老舊 內容可能有誤
能製作範本與提出實例（例如撰寫公式、函數或是程式碼）		太過複雜的工具（功能很多的工具）無法說明 內容可能有誤 資訊有可能太過老舊（無法說明新的工具）
可透過各種方式告訴我們 出現錯誤的理由 可幫忙校閱輸出結果		

就 ChatGPT「回答問題」的性質而言，ChatGPT 的確難以進行系統性說明，而且資訊有可能太過老舊，內容也可能有誤。由於 ChatGPT 的訓練資料只到 2021 年，所以無法提供 2021 年之後的新資訊。

此外，ChatGPT 的提問與輸出結果的字數都有限制，所以無法處理冗長的程式碼。如果需要最新資料，或處理較長的程式碼與複雜的問題，建議搭配微軟的 Bing 或是 Google 的 Gemini，這類能提供最新資訊的 AI 聊天機器人。

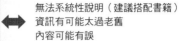

應用範例 1　Excel 的使用方法

接下來要以 Excel 這個大家最熟悉的軟體為例，介紹應用 ChatGPT 的方法。主要會在下面六項作業應用 ChatGPT。這部分解說的方法，也能在其他的軟體或是科技

工具應用，所以請大家學會之後，試著在其他的科技工具應用看看。

接著以下列六大流程，說明科技工具應用 ChatGPT 的方法。

①用語與基本操作
②具體的操作方式
③需求＋操作方式
④撰寫公式與函數
⑤說明公式與函數
⑥找出產生錯誤的原因

① 用語與基本操作

ChatGPT 具備各種科技工具的用語與基本操作的相關資訊。讓我們試著向 ChatGPT 提出「○○是什麼？」或「請告訴我○○怎麼做」這類問題吧。

提示詞範例 1-1

 User Excel 的儲存格是什麼？

Chat GPT Excel 的儲存格就是 Excel 試算表中的矩形，而儲存格的欄會以 A、B、C 這類英文字母標記，列則會以

1、2、3 這類數字標記，組合起來就是 A1、B2、C3 這類標記。各儲存格可輸入文字、數字、公式、圖片或是其他種類的資料。

此外，儲存格可套用格式、公式、格式化條件這類設定。Excel 在資料庫或是試算表軟體中都是最基本的資料單位。

　　如 果 覺 得 **ChatGPT** 的 回 答 太 難 懂，可 進 一 步 跟 **ChatGPT 說「請說得更簡單易懂」或是「請透過實際的例子說明」**。我們可要求 ChatGPT 以不同的例子與說明方式說明，進一步了解想知道的主題。

提示詞範例 1-2

 User 　請告訴我在 Excel 插入折線圖的方法。

Excelで折れ線グラフを作成する手順は以下の通りです。

1. Excelを開き、データを入力します。折れ線グラフにするデータを選択し、例えば、以下のようなデータを入力します。

月	売上
1月	100
2月	120
3月	130
4月	150
5月	180
6月	200

2. データを選択し、グラフを作成するための機能を使います。[挿入]タブをクリックし、[折れ線グラフ]を選択します。折れ線グラフのタイプを選択します。例えば、単一の折れ線グラフを作成する場合は、[基本折れ線グラフ]を選択

⟳ Regenerate response　　⟫ Continue generating

Send a message.

ChatGPT may produce inaccurate information about people, places, or facts. ChatGPT May 24 Version

ChatGPT 會提示操作步驟。這次的回答雖然列出了具體的範例，但如果 ChatGPT 沒有提出具體的例子，可要求 ChatGPT「提出具體的例子」，ChatGPT 就會照辦。

此外，如果回答之中有一些陌生的用語，也可以直接向 ChatGPT 提問。假設覺得 ChatGPT 教的方法太麻煩，或是沒辦法得到想要的結果，可以詢問有沒有其他的方法。

▶ ② 具體的操作方式

剛剛詢問了用語與基本操作，也可以進一步詢問具體的操作方法。

比方說，可以問 ChatGPT「該怎麼變更背景色？」這種更加深入的操作方法。

提示詞範例 2-1

 User　請告訴我該怎麼變更 Excel 折線圖的背景色。

 Chat GPT　要變更 Excel 折線圖的背景色，可依照下列的步驟。

1. 點選圖表，再點選圖表區格式。
2. 點選「格式」選項。
3. 點選「圖案填滿」。
4. 點選「佈景主題色彩」。
5. 點選「色彩」，選擇想要的顏色。

6. 點選「確定」套用設定。

如此一來，就能變更 Excel 折線圖的背景色。

由於 ChatGPT 不是只能回答特定科技工具的聊天機器人，所以提出「讓圖表變得更容易瀏覽」這種與工具基本操作無關的工作技能或是設計技能的問題，它也能回答。

提示詞範例 2-2

 User 請告訴我怎麼做，才能讓 Excel 的折線圖變得更容易瀏覽。

 Chat GPT 要讓 Excel 折線圖變得更容易瀏覽的方法如下。

1. 調整圖表的軸線：設定數列軸的最小值與最大值，調整圖表的範圍，突顯資料的變化。在數列軸追加刻度，讓圖表更容易判讀。

2. 追加圖表標籤：在數列軸或是資料軸追加簡單易懂的標籤，可讓圖表的意思更清楚。

3. 使用顏色：變更數列軸或是資料軸的顏色，可讓圖表更容易閱讀。要注意的是，不要使用太多種顏色，以免圖表變得太過雜亂。

4. 追加格線：追加格線可讓刻度的位置更清楚，讓圖表變得更容易閱讀。

5. 考慮資料的精細度：依照資料的精細度設定單位
或是小數點的位數。如果要同時比較不同的數
列，最好使用相同的單位。

上述的方法可讓 Excel 折線圖變得更容易閱讀。

▶ ③ 需求＋操作方式

剛剛介紹的「插入折線圖」或是「變更背景色」都只是
一般的操作方法，無法滿足個人的需求。

接下來要提出更具體的問題，讓 ChatGPT 幫忙完成我
們想做的事情。

提示詞範例 3

User 請告訴我在 Excel 中該怎麼完成下列的操作。

　・在 B 欄為「結束」時，將該列的背景設定為灰色。
　・在 B 欄為「作業中」時，將該列的背景設定為黃
　　色。

 可利用下列的步驟完成上述的操作。

1. 選取 B 欄。
2. 點選「常用」→「樣式」→「條件式格式設定」。
3. 點選「新增規則」。

4. 從「選取規則類型」下拉式選單點選「使用公式來決定要格式化哪些儲存格」。
5. 在「格式化在此公式為 True 的值」輸入下列的公式。

=$B1=" 結束 "

【以下省略】

ChatGPT 會告訴我們上述這些具體的步驟。要注意的是，工具的版本不同時，功能的名稱也有可能不同，ChatGPT 也不一定是完美的，所以還是得自行確認一遍。

▶ ④ 撰寫公式與函數

接著要介紹更實用的內容。Excel 可透過公式或函數自動完成各種計算，但每次都得自己輸入公式或函數，實在是件很麻煩的事，而且函數也得稍微學過才會使用。此時可透過文字告訴 ChatGPT 要做的事，ChatGPT 就會幫忙撰寫公式與函數。

提示詞範例 4

User
請撰寫下列的公式與函數，以便在 Excel 的 E 欄輸入資料。

．加總 A ～ C 欄的數值。

．不過，D 欄若是「未輸入」，請將數值設定為 0。

在 E 欄的儲存格輸入下列的公式／函數，可加總 A
欄到 C 欄的數值，並在 D 欄為「未輸入」的時候，
設定為 0，再加總數值。

=IF（D1＝"未輸入"，0，SUM（A1:C1））

這個公式使用了 IF 函數，在 D 欄為「未輸入」時傳
回 0，否則傳回 A 欄到 C 欄的總和。SUM 函數的功
能在於加總 A 欄到 C 欄的數值。在 E 欄的儲存格輸
入這個公式，就能自動算出總和。選取儲存格的範
圍，輸入這個公式再按下 Enter，就能算出總和。

　　除了製作函數，還會解說相關的內容。要注意的是，內
容有可能是錯誤的，此時必須自行修正或是再次提問。如果
沒有任何基礎知識，就無法發現 ChatGPT 的答案「哪裡有
問題」，所以建議大家先稍微讀一些入門書或是手冊。

▶ ⑤ 說明公式與函數

　　在使用 Excel 時，常常會修正別人撰寫的公式或函數，
再於其他用途使用。如果是很複雜的公式，就算懂函數，也
不一定能瞬間解讀公式，此時可以請 ChatGPT 解說。

User 請簡單扼要地說明下列的 Excel 公式或函數。

=IF(C2="A", IF(D2=" 東京 ", E2, E2/2), 0)

Chat GPT 這個公式使用了 Excel 的 IF 函數。IF 函數可在條件成立時傳回某個值，並在條件不成立的時候傳回另外的數值。

這個公式的結構如下。

=IF(C2="A", IF(D2=" 東京 ", E2, E2/2), 0)

解讀結果如下。

【以下省略】

接著讓我們請 ChatGPT 將這個函數整理成更簡單易懂的格式。

提示詞範例 5-2

 User 請將下列的 Excel 公式或函數整理成簡單的格式。

=IF(C2="A", IF(D2=" 東京 ", E2, E2/2), 0)

以下は読みやすく整理した数式になります。

```less
                                                    Copy code
=IF(C2="A",          // C2が"A"である場合、以下を実行する
    IF(D2="東京",    // D2が"東京"である場合、E2を返す
        E2,
        E2/2         // D2が"東京"でない場合、E2を2で割った値を
    ),
    0                // C2が"A"でない場合、0を返す
)
```

この数式は、ExcelのIF関数を使用しています。IF関数は、条件が真の場合には1つの値を、偽の場合には別の値を返します。この数式では、2つの条件を組み合わせて、最終的に1つの値を返しています。

ChatGPT 會以附注的方式說明函數的結構。

▶ ⑥ 找出產生錯誤的原因

在撰寫公式或是函數的時候，容易出現錯誤。如果想找出錯誤的原因，可使用下列的提示詞。

提示詞範例 6-1

 User Excel 顯示「#NAME?」這個錯誤。

 「#NAME?」這種錯誤會在 Excel 無法辨識指定的函數或公式之際顯示。會顯示這種錯誤的原因如下。

1. 函數名稱或是公式出現類型錯誤的情況。
2. 函數名稱或公式不正確的情況。
3. 未安裝指定的函數。
4. 公式中的儲存格參照設定有誤的情況。

解決方法如下。

【以下省略】

提示詞範例 6-2

 在 Excel 輸入下列的公式之後，顯示了「#NAME?」這個錯誤。請告訴我理由。

=IF(C3=A, IF(D3=" 東京 ", E3, E3/2), 0)

 公式沒有問題，問題在於公式參照了參數 A 這個部分。要在 Excel 函數的參數使用文字時，必須加上引號。由於這個公式之中的參數「A」未加上引號，所以 Excel 無法將它辨識為「A」，才會顯示「#NAME ？」這個錯誤。

因此，公式必須修正如下。

=IF(C3="A", IF(D3=" 東京 ", E3, E3/2), 0)

修正之後的公式在參數「A」加上了引號，Excel 也就能正確辨識，自然不會顯示錯誤了。

如果是以「提示詞範例 6-1」的方式發問，只會得到搜尋引擎也能提供的答案，所以若仿照「提示詞範例 6-2」的方式，搭配公式一起詢問，ChatGPT 就會說明錯誤的原因以及提出正確的公式。此外，如果想進一步了解修正的部分，還可以要求 ChatGPT「請具體告訴我修正的部分」。

▶ 應用範例 2　撰寫 Excel 巨集

接下來要說明進階的內容。應該有不少人都會使用 Excel 工作，但應該也有不少人因為巨集太難而放棄挑戰。如果使用 ChatGPT，就能輕鬆地使用巨集。在此介紹的提示詞不只能用來撰寫 Excel 巨集，也能於程式設計使用。

後續將依照下列的順序說明。

①撰寫巨集
②解說巨集
③找出巨集的錯誤原因
④撰寫自訂函數
⑤以 Bing 或搜尋引擎比 ChatGPT 更適合的情況

撰寫巨集的提示詞非常簡單。

提示詞範例 1　撰寫巨集

假設這次希望如下圖所示，撰寫能在四個欄位自動產生不同組合的 Excel 巨集。

	A	B	C	D
1	地域	築年数	物件タイプ	広さ
2	地域A	築年数レンジA	物件タイプA	広さレンジA
3	地域A	築年数レンジA	物件タイプA	広さレンジB
4	地域A	築年数レンジA	物件タイプA	広さレンジC
5	地域A	築年数レンジA	物件タイプA	広さレンジD
6	地域A	築年数レンジA	物件タイプB	広さレンジA
7	地域A	築年数レンジA	物件タイプB	広さレンジB
8	地域A	築年数レンジA	物件タイプB	広さレンジC
9	地域A	築年数レンジA	物件タイプB	広さレンジD
10	地域A	築年数レンジA	物件タイプC	広さレンジA
11	地域A	築年数レンジA	物件タイプC	広さレンジB
12	地域A	築年数レンジA	物件タイプC	広さレンジC
13	地域A	築年数レンジA	物件タイプC	広さレンジD
14	地域A	築年数レンジA	物件タイプD	広さレンジA

要透過文字說明想做的事情是需要訓練的。建議大家以條列式的方式寫出想做的事情，不要用複雜的敘述方式。

User　想撰寫下列的 Excel 巨集。

・建立下列四個欄位
　- ①地區
　- ②屋齡
　- ③物件類型
　- ④坪數

・各欄具有下列項目
　- ①地區
　　- 地區 A
　　- 地區 B
　　- 地區 C

【中略】

・逐列輸入每一欄的所有組合

以下は、指定された4つの列を作成し、各列に指定された項目を入力するマクロの例です。ご参考になさってください。

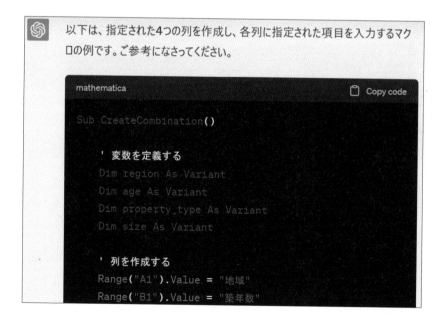

```mathematica
Sub CreateCombination()

    ' 変数を定義する
    Dim region As Variant
    Dim age As Variant
    Dim property_type As Variant
    Dim size As Variant

    ' 列を作成する
    Range("A1").Value = "地域"
    Range("B1").Value = "築年数"
```

ChatGPT 幫我們寫好巨集了。

像這樣透過文字敘述告訴 ChatGPT 需求，ChatGPT 就會幫忙撰寫巨集（程式碼）。

 ② 解說巨集

如果看不懂別人撰寫的巨集，可以請 ChatGPT 說明。方法與剛剛撰寫公式或函數一樣。

提示詞範例 2

 請簡單扼要地說明下列的巨集。

【 * 貼入巨集的程式碼 】

 這個巨集使用了 Excel 的 VBA 製作具有地區、屋齡、物件類型和坪數這四個項目的表格，再於表格列出這些項目的組合。

具體來說，這個巨集會依照下列的步驟執行處理。

定義變數
region：儲存地區項目的陣列。
age：儲存屋齡項目的陣列。
property_type：儲存物件類型項目的陣列。
size：儲存坪數項目的陣列。

建立欄

將「地區」輸入 A 欄，將「屋齡」輸入 B 欄，在 C
欄輸入「物件類型」，在 D 欄輸入「坪數」。
輸入各項目
在各欄依序輸入於陣列儲存的地區、屋齡、物件類
益和坪數這些項目。

【以下省略】

　　ChatGPT 詳盡地回答了問題。除了請 ChatGPT 解釋整
個巨集，也可以針對特定部分的內容請 ChatGPT 解說。要
注意的是，ChatGPT 無法處理太長的程式碼，必須先行分
割。此外，不要輸入密碼或是個人資訊。

③ 找出巨集的錯誤原因

　　接著要在發生錯誤時，找出錯誤的原因。讓我們一起透
過範例的巨集，了解整個流程。

提示詞範例 3

User 一使用下列的巨集就顯示「【＊輸入錯誤代號】」。
請告訴我錯誤的原因與解決方案。

【＊在這裡貼入巨集的程式碼】

如此一來，ChatGPT 就會幫忙找出錯誤的原因以及修正程式碼，也會告訴我們修正了哪些部分。

 錯誤的原因在於在 For 迴圈使用了兩次變數「i」。在第一個 For 迴圈使用了「i」之後，若在第二個 For 迴圈使用相同的變數「i」就會發生錯誤。

解決方法之一是變更變數名稱，避免變數產生衝突。比方說，可變更變數名稱如下。

【以下省略】

在撰寫巨集或是設計程式的時候，發生不可預期的錯誤是稀鬆平常的事情。要找出錯誤與改善程式碼，往往需要耗費不少精力與時間，浪費了寶貴的時間，而且還沒有半點進度。使用 ChatGPT 就能避開這類陷阱，大幅提高產值。

④ 撰寫自訂函數

「自訂函數」就是只能在這個 Excel 檔案使用的函數。如果是巨集的話，需要每次自行手動執行，但如果是自訂函數的話，只要貼入儲存格就能使用。自訂函數也能請 ChatGPT 幫忙撰寫。

這次要請 ChatGPT 幫忙撰寫「將三位數、空格、四位

數的資料轉換成半形字元」這種郵遞區號的自訂函數。

提示詞範例 4

 請撰寫下列的 Excel 自訂函數。

· 將郵遞區號整理成「000-0000」的格式

· 輸入的資料包含下列的內容
-000000
-000-0000
-123-1234

· 將數值轉換成半形字元

依照下列的步驟建立 Excel 自訂函數,就能將郵遞區號轉換成「000-0000」的格式。

打開 Excel。

點選「開發人員」選項,啟用開發人員工具。

點選「Visual Basic」,開啟 Visual Basic 編輯器。

從「插入」選單點選「模組」,新增模組。

輸入下列的程式碼。

```mathematica
Function FormatPostalCode(postalCode As String) As String
    postalCode = Replace(postalCode, "-", "") 'ハイフンを削除
    postalCode = Replace(postalCode, "－", "") '全角のダッシュを半角に変換して削
    If Len(postalCode) = 7 Then '郵便番号が7桁の場合は先頭に0を追加
        postalCode = "0" & postalCode
    End If
    FormatPostalCode = Left(postalCode, 3) & "-" & Right(postalCode, 4) '郵便
End Function
```

【以下省略】

　　ChatGPT 會列出具體的程式碼以及說明使用方法。如果無法正常運作或是顯示錯誤，還會幫忙修正程式碼。**由於 ChatGPT 在接到提問之後，都會產生不同的程式碼，所以就算輸入完全一樣的提示詞，有時會給予正確的程式碼，有時會傳回錯誤的程式碼。**

　　在此為大家整理適合使用 ChatGPT 撰寫 Excel 巨集與程式碼的情況，以及不適合的情況。適合的情況如下。

・規格、要求很明確。
・不會太過複雜（只使用特定功能）。
・不需要最新資訊（不會使用常更新的外部服務）。

　　如果不是上述的情況，最好改用 Bing 或搜尋引擎。

第 6 章

業務 & 行銷

▶ 在業務工作應用 ChatGPT

　　業務工作的業務通常很複雜，既要開拓有潛力的市場，還要創造商談的機會，有時也得與顧客交涉，製作提案書，展示商品或是服務，為了順利推動如此複雜多元的業務，讓我們一起使用 ChatGPT 吧。

▶ 業務工作的常見課題

　　我自己是多家企業的經營者，現在也很常跑新客戶或是提案，從事各種業務工作。首先為大家列出業務工作的常見課題。

- ‧**潛在顧客與商談的機會不多。**
- ‧**無法掌握顧客的課題或需求。**
- ‧**無法提出適當的提案。**
- ‧**無法管理商談的備忘錄與資料。**

我想大家應該都遇到了相同的課題。

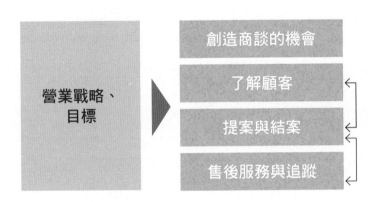

業務工作的流程

為了利用 ChatGPT 解決上述的課題，讓我們先整理業務工作的流程，請參考下列圖表。

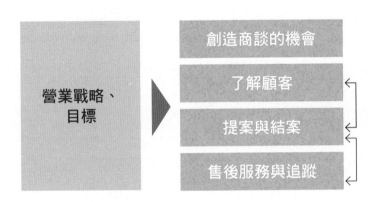

在設定營業戰略與目標之前，必須先創造商談的機會，才有機會達成目標。在這個初期階段，通常不會只有業務員孤軍奮戰，而是會與電話客服或是行銷團隊並肩作戰。

如果得到商談的機會，就會先根據顧客的課題或需求建立假說，以及開會討論，進一步了解顧客，然後針對這些課題提出適當的解決方案，藉此與顧客簽約。

簽約之後，事後的服務也相當重要。就算無法簽約，只要與顧客維持良好關係，就有機會合作。

理解顧客、提案、追蹤都不是單次的行為，而是要在適當的時間點，不斷地透過這些行為跟進顧客。

ChatGPT 在業務工作的價值

ChatGPT 能在業務工作扮演什麼角色呢？讓我們先整理 ChatGPT 能為業務工作創造的價值（優點）。

業務工作的流程	ChatGPT 的價值（最近）	ChatGPT 的價值（未來）
創造商談的機會	能幫忙撰寫電話預約、DM 的稿子 能設定潛在客戶的優先順序	能自動製作潛在客戶名單 自動發送郵件或打電話
了解顧客	能掌握顧客的需求與課題 能快速製作會議紀錄	分析特定企業 在商談時給予即時支援 分析競爭對手或是類似企業
提案與結案	能製作提案內容 能掌握可能的提問	製作簡報資料
售後服務與追蹤	能製作回答問題的問答集	與客戶關係管理（CRM） 連同提出待辦事項 透過聊天機器人完成售後服務

在創造商談機會的部分，ChatGPT 可以幫忙製作電話預約的稿子或是 DM 的文案。雖然製作這些文案很麻煩，但是 ChatGPT 能快速幫我們完成。此外，告訴 ChatGPT 顧客資訊或是比較基礎，還能幫我們排出顧客的優先順序。

ChatGPT 也是幫助我們了解顧客的一大法寶。了解顧客的需求與課題是跑業務最重要的一環。ChatGPT 可告訴我們不同業界或行業的課題與需求，也能快速完成會議紀錄。只要將文字資料輸入 ChatGPT，ChatGPT 就會幫忙整

理成需要的格式。

提案也是 ChatGPT 的專長，比方說，ChatGPT 能幫忙思考提案內容以及撰寫相關的內容，還能幫忙預測顧客可能提出的問題。在事後跟進的部分，也能利用 ChatGPT 回答顧客的問題。未來的話，一如前一頁的表格所示，AI 的應用範圍應該會越來越廣。

▶ ChatGPT 辦不到的事

接著介紹 ChatGPT 辦不到的限制。ChatGPT 雖然是很厲害的工具，但功能當然有其極限。至於有哪些限制，將針對各種業務場面說明。

ChatGPT 的價值（最近）		ChatGPT 的限制
能幫忙撰寫電話預約、DM 的稿子 能設定潛在客戶的優先順序	⬌	終究是一般論或是過去的見解。無法針對特定情況或是對方的喜好提出企劃，也無法分析特定企業。
能掌握顧客的需求與課題 能快速製作會議紀錄	⬌	
能製作提案內容 能掌握可能的提問	⬌	終究只是一般整理，會議紀錄的原始資料必須另外製作，而且可能出現錯漏字。
	⬌	終究只是一般論與過去的見解。無法針對特定情況提案，也無法提出前所未有的提案。必須自行製作資料。
能製作回答問題的問答集	⬌	必須先整理回答集的原始資料。

在創造商談的機會時，雖然可使用 ChatGPT 撰寫電話預約的稿子或是製作 DM 文案，但終究只是根據常見的資訊或是過去的見解撰寫，所以有許多尚待改善的部分，通常得依照自家公司的服務或是風格修改。至於替潛在客戶排定優先順序這點，也是僅供參考的程度而已。

至於在理解顧客這方面，ChatGPT 雖然可以根據服務提出各種課題與需求假說，但只是一般論的內容。此外，ChatGPT 沒有各家公司資訊，所以只能提出很籠統的內容（*）。至於製作會議紀錄時，也常有錯漏字的問題。

*Google 的 Gemini 具有各家公司的資訊（放在網站上面的資訊），所以可回答特定企業的強項或是事業內容。ChatGPT 的功能若是進一步擴充，應該也能針對特定企業回答問題。

提案也有類似的問題。ChatGPT 雖然能提供各種資訊與想法，卻不一定是正確答案，還是得自行製作資料。

在事後跟進的部分，ChatGPT 可以幫忙製作問答集，但是使用者還是得先製作問答集的原始資料。

別對 ChatGPT 抱有過度的期待，正確應用即可。

應用範例 1　理解顧客的需求

　　要想創造業績，針對顧客有哪些需求或是課題建立假設是非常重要的一環，ChatGPT 可以幫我們建立這類假設，尤其是在面對陌生的顧客或是業界時，更是特別有效。讓我們趕快看看如何應用吧。

　　提示詞範例 1　　需求與顧慮的假說

> **User** 請針對下列的「服務」以條列式的方式列出顧客的需求與顧慮。
>
> ＃服務
> ・ChatGPT 的應用研修課程
> ・可透過網路影片學習
> ・每月 10 萬圓的年度契約
> ・最多可讓 30 人無限使用

> **Chat GPT** 顧客的需求與顧慮如下。
>
> ・對 ChatGPT 的應用研修課程有興趣，但想知道具體的研修內容。
> ・能透過網路影片學習很吸引人，但是對於影片的長度或是學習效果感到不安。
> ・每個月 10 萬圓的年度契約很貴，想知道能帶來哪些好處。

· 最多可讓 30 人無限使用這點雖然適合多人使用的情況，卻想知道還適合哪些情況使用。

· 想知道有沒有其他輔助學習的部分，也想知道遇到不懂的部分時，有沒有什麼額外的輔助內容。

· 如果有類似的服務，想知道與 ChatGPT 有何不同。

　　雖然提示詞很簡單，但是 ChatGPT 卻回答了各種觀點。若是輸入「其他」還能提出其他的觀點。大家盡可能讓 ChatGPT 回答，再從中挑出重要的觀點或是必要的觀點。

　　此外，若覺得看完所有回答很麻煩，可輸入「整理上述的需求與顧慮事項」，讓 ChatGPT 先整理一遍，就比較容易從中挑出需要的觀點了。

　　在展開業務工作之前，先像這樣了解顧客的需求、疑問與不安，就能事先做好準備，商談也會變得更順利。

提示詞範例 2　　顧客區隔的假說

　　接著要思考的是「這項服務適合哪個顧客區隔」以及「這個顧客區隔對什麼感興趣」。

 請針對下列的「服務」列出合適的顧客區隔。
請告訴我各顧客區隔感興趣的事情。

服務
【 * 輸入與「提示詞範例 1」（P195）相同的服務內容】

會對 ChatGPT 應用研修課程感興趣的是企業或組織的人事負責人、培訓負責人或是人才開發負責人。這些顧客區隔希望提升員工的能力與技巧，讓員工更快完成業務或是提升業績，所以對 ChatGPT 應用研修課程感興趣。

會對透過網路影片學習這點感興趣的是學習欲望較高的個人，以及住在偏遠地區的學生或社會人士。這些顧客區隔想要自我啟發、提升技能與取得證照，也對線上學習服務感興趣。

【以下省略】

如果輸入「其他」還能讓 ChatGPT 繼續回答。

就算賣的是相同的商品，還是要針對不同的顧客傳達不同的重點。向 ChatGPT 提問就能了解潛在顧客區隔感興趣的事情，以及感到不安的事情。

此外，若想進一步了解特定的顧客區隔，可輸入「請針對○○進一步說明」這種提示詞。

提示詞範例 3　　進一步了解顧客區隔

透過「提示詞範例 1、2」找出顧客區隔之後，接著要了解這個顧客區隔感興趣的事情以及顧慮的事情。

＃找出顧客的需求與顧慮
為了將下列的「服務」銷售給下列的顧客區隔，請

以條列式的方式列出該顧區隔客的需求與顧慮。

服務
- ChatGPT 的應用研修課程
- 可透過網路影片學習
- 每月 10 萬圓的年度契約
- 最多可讓 30 人無限使用

將「提示詞範例 2」
得到的回答貼在這裡

顧客區隔
顧問諮詢公司或是企業顧問：他們想透過 ChatGPT
改善客戶的業務問題，所以會請 ChatGPT 提供解決
業務課題的創意，或是藉此改善業務流程。

 關於 ChatGPT 的應用研修課程

- 需要應用 ChatGPT 的相關培訓，以及於實際商業
  場景應用 ChatGPT 的指導。
- 顧問諮詢公司或是企業顧問有可能希望學會掌握
  ChatGPT 的知識與技巧，藉此更有效地提供商業
  方面的建議。

關於可透過網路影片學習這點。
- 顧問諮詢公司或是企業顧問有可能希望依照自己
  的行程，透過網路影片學習。
- 他們有可能正在尋找能在辦公室或是自家使用的
  線上課程平台。

【以下省略】

ChatGPT列出了特定的顧客區隔的需求或是顧慮，這部分的內容也比「提示詞範例1」的回答更加具體。大家可輸入「其他」直到ChatGPT給出理想的答案為止。

　　如果得到需要的假說之後，可仿照「提示詞範例1」的方法，輸入「整理上述的需求與顧慮事項」，請ChatGPT幫忙整理內容。

提示詞範例 4　　找出利害關係人

　　如果營業對象是法人，對方的公司內部通常會有各種利害關係人。

　　事先了解對方有哪些利害關係人，這些利害關係人對哪些事情有興趣或是有所顧慮，以及建立相關的假說，就能根據這些假說擬定營業戰略以及資料，提高簽約的成功率。可完成上述要求的提示詞如下。

User
請找出利害關係人以及利害關係人有興趣與顧慮的事情。
為了向下列的「顧客區隔」推銷下列的「服務」，請告訴我這個顧客區隔有哪些利害關係人，以及這些利害關係人對哪些事情有興趣或是心存顧慮。

服務（＊）
【＊輸入與「提示詞範例1」（P195）相同的服務內容】

顧客區隔（*）
【*輸入與「提示詞範例 3」（P197）相同的顧客區隔】

 ## 利害關係人以及利害關係人有興趣與顧慮的事情

顧問諮詢公司與企業顧問

· CEO ／經營者：這類人關心的是，採用 ChatGPT 應用研修課程能否提升自家公司企業諮詢服務的附加價值與創造業績。此外，這類人可能想知道每月 10 萬圓的契約的性價比以及可預期的投資報酬率。

· 企業顧問：這類人應該對於應用 ChatGPT 的方法，以及具體的實例有興趣。此外，他們有可能想知道接受研修課程之後，能否滿足顧客企業的期待，以及接受研修課程之後的售後服務。

· 訓練員／教練：他們可能想知道提供 ChatGPT 應用研修課程能否創造新的收入，也想知道研修內容與播放格式的提案與改善之處。

【以下省略】

　　如果能夠事先取得這類資訊，就能預先擬定對策，跑業務也會更加順利。

▶ 應用範例 2　撰寫電話預約話術

接著讓我們試著撰寫電話預約話術。

提示詞範例 1　基本

 你是專業的電話行銷人員。為了替下列的「服務」爭取新的電話預約，請撰寫相關的話術。

服務
・ChatGPT 的應用研修課程
・可透過網路影片學習
・每月 10 萬圓的年度契約
・可供 30 人無限使用

了解。下列是相關的話術。

【開場】
首先感謝您願意撥冗接聽這通電話。我是 ChatGPT 的負責人，請容我為您介紹新的服務。這次介紹的服務為 ChatGPT 應用研修課程。這套研修課程可透過網路影片學習，而且能讓多達 30 人無限使用，每個月只需要 10 萬圓的費用，而且是以年度契約的方式提供。

【服務的說明】
ChatGPT 的應用研修課程主要是學習以 AI 語言處理技術「GPT-3.5」產生文章、自動翻譯與摘要內

容的技術。由於可透過網路影片學習，所以可依照
個人的情況隨時學習，而且能讓 30 人無限使用，所
以非常適合團隊學習。

【以下省略】

　　雖然上述的內容還算及格，但是開場的部分有些唐突，
只能算是差強人意的話術。由於這是 GPT-3.5 的答案，如果
想要能直接當成原稿使用的內容，建議改用 GPT-4（這點與
後續解說的提案書相同）。
　　試著向 GPT-4 提出相同的要求。

【話術】

1. 開場
負責人您好，我是○○公司的電話行銷專員 [你的
名字]。不好意思打擾了。不知道能否耽誤您一些時
間，讓我有機會說明 ChatGPT 的應用研修課程。

2. 服務的說明：
敝公司提供的 ChatGPT 研修課程是透過網路影片學
習的服務，所以每位員工都能根據自己的步調，隨
時隨地學習，更有效率地掌握需要的技能。

【以下省略】

可以發現，內容變得更婉轉，品質也變得更高。GPT-4
目前必須付費才能使用。雖然回答的速度比 GPT-3.5 來得
慢，但是能提供高品質的答案。

　　由於這次只以簡單扼要的提示詞提問，所以 ChatGPT
給的答案也不算是最終的結果，但比起自己從零開始撰寫，
由 ChatGPT 先擬出草案絕對比較輕鬆。

　提示詞範例 2　　製作問答集

　　除了話術的腳本之外，電話行銷還需要製作問答集。讓
我們拜託 ChatGPT 製作問答集吧。

> **User** 為了向新顧客推銷下列的服務，請列出顧客可能提
> 出的問題以及製作相關的問答集。
>
> # 服務（＊）
> 【＊輸入與「提示詞範例 1」（P201）相同的服務內
> 容】

 下列是在進行 ChatGPT 應用研修課程的電話行銷
時，可能遇到的問題以及相關的問答集。

【問題 1】
什麼是 ChatGPT 應用研修課程？

【回答 1】
ChatGPT 是利用人工智慧 GPT-35 這項技術開發的
會話系統，而 ChatGPT 應用研修課程是學習使用這

套會話系統的研修課程。內建自然語言處理技術的
ChatGPT 能與人類自然地對話，所以能於商業、教
育以及各種領域應用。

【問題 2】
研修課程有哪些內容？

【回答 2】
研修課程可幫助學員了解 ChatGPT 的基礎知識與應
用方法。具體來說，可了解 ChatGPT 的功能、使用
方法、應用實例，以及透過 ChatGPT 找出商機的方
法，另外還準備了練習問題與實際演練問題。

【以下省略】

　　若是不斷輸入「其他」，ChatGPT 還會提供許多答案。
在這種情況下，回答的量比質重要，所以 GPT-3.5 比 GPT-4
更適用。由於這個提問詞是在沒有提供服務相關資訊的情況
下，請 ChatGPT 製作問答集，所以問題與答案都無法直接
使用，必須根據自己的工作內容加以修正。

　　也可以在提示詞加入商品的細節，再請 ChatGPT 提供
更精準的答案。是要以精準的提示詞提問，還是要以粗略的
提示詞提問再自行修正答案，都可由自己的習慣決定。

提示詞範例 3　　定義顧客區隔與文章編排方式

　　下列的提示詞進一步指定了顧客區隔與文章編排方式。

除了撰寫話術之外，只要告訴 ChatGPT 是針對誰寫文章，ChatGPT 都能寫出好文章。

此外，要撰寫能實際派上用場的文章或原稿，最好指定文章的編排方式。以電話行銷為例，必須透過開場引起顧客的興趣，確認顧客願不願意繼續對話，之後再說明商品，但不能只是自顧自地說個不停，還必須讓對方發問。此外，也得確認預算、採用時機與決策者是誰。

建議大家向 ChatGPT 提出正確的需求，不要把一切都丟給 ChatGPT 處理，才能產出堪用的內容。

User
製作電話行銷話術
你是專業的電話行銷專員。為了將下列的「服務」推銷給顧客，請根據「目標顧客」、「編排方式」撰寫話術。

服務（*）
【*輸入與「提示詞範例1」（P201）相同的服務內容】

目標顧客（*）
【*輸入在「應用範例1」（P195～200）找到的目標顧客】

編排
・在開場白提及服務名稱以及服務的價值，引起顧客興趣
・接著確認顧客能否繼續講電話

・簡單扼要地說明服務價值
・接著請教顧客有沒有想問的問題
・在顧客發問之後，確認是否包含下列的內容
　- 有無提到預算
　- 採用時機
　- 決策者是誰
・確認預算、採用時機與決策者之後，提出預約
・在提出預約之際，提出具體的日期與時間

 【話術】

1. 問候與介紹服務
負責人：「您好，我叫 [負責人的姓名]。我是 [公司名稱] 的電話行銷專員。不好意思打擾了，不知道您能否讓我為您介紹 ChatGPT 應用研修課程這套網路影片學習服務呢？」

2. 確認對方是否能夠繼續講電話
負責人：「實在是非常抱歉，能否請您給我幾分鐘的時間介紹呢？」

3. 說明服務價值
負責人：「感謝您的協助。敝公司提供的 ChatGPT 應用研修課程是專為顧問諮詢公司與企業顧問設計的網路影片學習課程，能幫助您改善顧客的業務流程與問題。每月月費只需要 10 萬圓，而且是以年度契約的方式提供，最多可讓 30 人無限使用。」

【以下省略】

由於這個提示詞指定了許多條件，所以使用 GPT-4 產生回答。如果是 GPT-3.5，有可能無法套用多項條件。

雖然這次的內容也談不上完美，但比起「提示詞範例1」更加堪用。只要以此為草稿，再加以修正，就能快速寫出話術的腳本。也可以請 ChatGPT 針對特定部分另外撰寫。比方說，可針對「說明服務價值的部分」，要求 ChatGPT 以「不同的角度撰寫」。

▶ 在行銷工作應用 ChatGPT

在經營企業的時候，與跑業務同等重要的就是行銷工作。行銷工作包含的層面非常廣，例如電視廣告，發稿給媒體，請媒體幫忙宣傳，或是透過官網、社群媒體宣傳，甚至可以舉辦活動，宣傳自家公司的產品。相信本書的讀者或多或少都參與了行銷才對。

▶ 行銷工作的常見課題

在此先列出行銷工作的常見課題。

· 無從得知顧客的洞見（insight）。
· 想不到適當的行銷策略。

．想不到適合行銷策略的創意。

．製作行銷內容很困難。

　　在設計行銷概念時，最重要的就是所謂的洞見，而洞見就是顧客的心理，與顧客的需求、不安和成見息息相關。如果無法掌握顧客的洞見，就無法透過行銷手法締造成果。

　　此外，就算了解顧客的洞見，有時還是想不到具體的行銷策略，也有可能不知道該具體傳達哪些訊息或是視覺效果，這些都與行銷策略能否成功執行，有著密不可分的緊密關係。

　　就算擬出了行銷策略或是找到了創意，要讓行銷策略與創意具體成形，也是一件非常麻煩的工作。行銷工作有時候會因為上述這些課題而無法順利進行。

> ## 行銷工作的流程

　　在介紹於行銷工作應用 ChatGPT 之前，讓我們先整理一下行銷工作的流程。

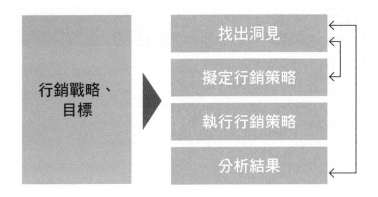

　行銷戰略與目標的部分，通常會設定前來詢問的顧客人數或是取得多少次商談的機會。

　要達成這個目標就得先了解目標顧客的需求、不安與行為模式，再根據這兩點擬定與執行具體的行銷策略。

　執行這個策略之後，必須分析結果。若結果不如預期，要找出原因與研擬解決方案，然後應用在接下來的行銷策略，藉此接近目標。

▶ ChatGPT 在行銷工作的價值

　ChatGPT 能在行銷工作扮演什麼角色呢？在此為大家整理了下列的價值（優點）。

行銷工作的流程	ChatGPT 的價值（最近）	ChatGPT 的價值（未來）
找出洞見	可分析市場或是顧客區隔 可掌握顧客的洞見	可利用自家或外部的資料進行分析 可根據每間公司的性質進行分析
擬定行銷策略	可找出行銷策略 可提出行銷策略的優先順序	可根據實際資料提出行銷策略
執行行銷策略	可提出行銷的創意或是內容	針對不同顧客自動執行 不同的創意案
分析結果	—	分析資料，改善提案

　　ChatGPT 可在發揮洞見的階段助一臂之力。比方說，可幫忙分析市場，找出顧客區隔，收集資訊，建立假說，也可以針對「整個市場有哪些課題」或是「顧客可能有哪些需求或不安」提供各種想法。

　　ChatGPT 也能在擬定行銷策略幫上忙。比方說，ChatGPT 能幫助我們找到行銷策略的靈感，甚至還能幫忙排出行銷策略的優先順序。

　　至於在執行行銷策略這點，ChatGPT 也能幫上忙。由於 ChatGPT 能夠幫忙製作廣告的內容，所以能幫助行銷工作順利推動。就算是電通或 CyberAgent 這類大型廣告代理商，也已利用 ChatGPT 或是專屬的生成式 AI 提升作業效率，創造比人腦更好的成果。

　　至於最後的結果分析，現在的 ChatGPT 還無能為力，

或許將來可匯入 Excel 或是 CRM 的資料，請 ChatGPT 根據
這些資料進行分析，再提出改善方案。

▶ ChatGPT 辦不到的事

前面介紹了在行銷工作應用 ChatGPT 的價值（優
點），但是了解 ChatGPT 不擅長的部分也相當重要。

ChatGPT 的價值（最近）	ChatGPT 的限制
可分析市場或是顧客區隔 可掌握顧客的洞見	終究是一般論與過去的見解。無法針對特定情況或是對方的喜好提出企劃，也無法分析特定企業。
可找出行銷策略 可提出行銷策略的優先順序	終究只是一般論與過去的見解。無法針對特定情況提案，也無法提出前所未有的提案。
可提出行銷的創意或是內容	終究只是一般論與過去的見解。無法針對特定情況提案，也無法提出前所未有的提案。 其他人也會使用 ChatGPT，所以必須修正與更新提案內容。

ChatGPT 雖然能幫助我們找出顧客的洞見、執行策
略以及製作創意廣告，但這些都只是根據一般論以及過去
的資料製作，而且也不知道這些回答是否正確，所以在
ChatGPT 提出許多想法之後，使用者必須自行取捨與判斷
正確性。

應用範例 1　找出洞見

　　一如前述，行銷工作成功與否，在於能否找出洞見。換言之，掌握洞見是行銷工作不可或缺的一環。

提示詞範例 1　　顧客區隔的假說

 User 你是專業的行銷專員。為了擬定行銷策略，請列出適合下列服務的顧客區隔。

服務
- ChatGPT 的應用研修課程
- 可透過網路影片學習
- 每月 10 萬圓的年度契約
- 可供 30 人無限使用

 Chat GPT 根據上述的服務思考後，可將焦點放在下列的顧客區隔。

1. 提供法人課程的 ChatGPT 適用於 B2B 的顧客區隔。法人顧客通常會提供自家員工培訓課程，ChatGPT 則可滿足這方面的需求。這個顧客區隔包含大企業、中小企業以及各種規模的企業。

2. 線上課程服務適用於 B2C 的顧客區隔。這個顧客區隔包含學生、專家或是對這方面有興趣的人。他們能選擇想學習的主題，依照自己的步調學習。

【以下省略】

ChatGPT 幫忙列出了潛在的顧客區隔。

由於一開始的回答有些籠統，所以可輸入「請進一步具體說明」，讓 ChatGPT 提出更具體的顧客區隔。

此外，也可以輸入「其他」，要求 ChatGPT 提出其他的顧客區隔，或是追加「限定法人」的條件。

提示詞範例 2　　顧客旅程的假說

接著要分析「顧客旅程」（ Customer Journey ）。所謂的顧客旅程就是特定顧客（顧客區隔）的整體使用體驗。

User # 顧客旅程的分析
為了擬定行銷戰略，請根據下列的「服務」與「顧客區隔」提出顧客旅程。

服務（*）
【*輸入與「提示詞範例 1」（P212）相同的服務內容】

顧客區隔（*）
【*輸入從「提示詞範例 1」答案找到的顧客區隔】

 行銷公司的顧客旅程如下。

1.認知階段：行銷公司知道 ChatGPT 的存在。可

在搜尋廣告或是內容製作的相關資訊時，從社群媒體的廣告、報導或是口碑行銷。

2. 產生興趣的階段：對於 ChatGPT 提供的法人應用研修課程感興趣，這是因為行銷公司想知道 ChatGPT 能為行銷工作帶來哪些好處。具體來說，可進一步了解目標受眾以及透過自動化的步驟提升內容製作效率。

【中略】

成為忠實顧客的階段：行銷公司長期使用 ChatGPT 可提升業務效率以及客戶端企業的滿足度，而 ChatGPT 提供的輔助與升級讓行銷公司得以持續提供價值，所以行銷公司會成為忠實的顧客。

　　ChatGPT 提出了「認知階段」到「成為忠實顧客的階段」的顧客旅程。雖然內容很籠統，卻很適合用來建立初期的假說。追加「請進一步說明」或是「請具體說明」這類提問，能讓 ChatGPT 進一步回答。

　　從上述的答案不難發現，針對顧客區隔分析的顧客旅程有些抽象，所以讓我們向 ChatGPT 提出「**請告訴我具體的人物誌**」這個問題。人物誌就是在思考具體的行銷策略時，預設特定個人的手法，可讓 ChatGPT 回答更貼近真實情況的顧客行為。

了解。在此以「中小企業的行銷專員山田太郎先生」為行銷公司的人物誌，提出這個人物誌的顧客旅程。

1. 認知階段：山田太郎先生正在網路上搜尋 ChatGPT 的事情。他是一名中小企業的行銷專員，負責製作廣告的相關內容，想知道 ChatGPT 能否提升業務效率。

2. 產生興趣的階段：山田太郎先生對於 ChatGPT 線上講座產生興趣。他想知道在自己的業務應用 ChatGPT 的方法，所以正在尋找官方網站以及其他公司的例子。

【以下省略】

提示詞範例 3-1　找出顧客區隔的洞見

接著找出特定顧客區隔的洞見。

User　# 找出顧客洞見
你是專業的行銷專員。為了針對下列的「服務」擬定行銷策略，請找出下列「顧客區隔」的洞見（需求、課題）。

服務（*）

【＊輸入與「提示詞範例 1」（P212）相同的服務內容】

顧客區隔（＊）
【＊輸入從「提示詞範例 1」的答案找到的顧客區隔】

 要找出行銷公司這個顧客區隔的洞見，必須從下列的觀點進行分析。

1. 節省時間與勞力的需求
行銷公司為了替客戶端的企業進行宣傳，每天都必須完成許多工作。
行銷公司採用 ChatGPT 之後，就能讓分析目標受眾的工作或是製作內容的業務自動化，也就能節省時間與勞力。

2. 快速製作內容的需求
行銷公司的主要業務之一就是製作廣告內容，藉此幫客戶端企業建立品牌與宣傳。

【以下省略】

　　ChatGPT 根據指定的顧客區隔找出了可能的需求。若是不斷輸入「其他」，ChatGPT 還會繼續列出其他的需求或是課題。

在列出顧客區隔的洞見之後，接著要問 ChatGPT，在這個顧客區隔心中，哪些洞見較為重要，如此就能從 ChatGPT 提供的洞見中，找出特別重要的洞見。

 User 想知道上述的洞見對於「顧客區隔」的重要度，請依照 1 至 10 級的方式分類，同時說明理由。

 Chat GPT 以下以 1 至 10 級的方式，說明上述的洞見對於「顧客區隔」的重要度。

1. 內容多元性的需求：8/10
行銷公司必須製作各式各樣的內容，所以能否利用 ChatGPT 縮短製作時間與降低製作成本是非常重要的一環。不過，偏重多元性可能會讓客戶端企業的形象變得模糊，所以不是所有的企業都需要多元性的內容。

2. 了解目標受眾的需求：9/10
行銷公司要想成功，就必須了解客戶端企業的目標受眾。由於 ChatGPT 可根據目標受眾自動產生內容，所以引進 ChatGPT 是非常重要的一環。

【以下省略】

ChatGPT 評估了各種洞見的重要度，而且還能根據洞

見以及洞見的參考資訊（變項）擬定行銷策略或是廣告概念，所以 ChatGPT 非常實用，但是 ChatGPT 的評估數值終究只是參考值，還是得根據 ChatGPT 提出的理由加以判斷。

 應用範例 2　擬定行銷策略

在前面的應用範例中，我們找出了潛在顧客，也找出了這些顧客的洞見，接著要試著擬定行銷策略。一如前例，先請 ChatGPT 大量提出行銷策略，再從中挑出適當的策略。

提示詞範例 1　基本

 User　你是專業的行銷專員。請針對下列的服務研擬行銷策略。

服務
・ChatGPT 的應用研修課程
・可透過網路影片學習
・每月 10 萬圓的年度契約
・可供 30 人無限使用

 Chat GPT　針對 ChatGPT 法人應用研修課程提出下列的行銷策略與略節。

1. 鎖定目標使用者
第一步要鎖定接受 ChatGPT 法人應用研修課程的目

標使用者。比方說，大型企業的研修課程負責人或是人事部門就是目標使用者之一。

2. 製作範例影片
為了讓這些目標使用者具體了解 ChatGPT 應用研修課程，可製作範例影片，讓目標使用者清楚了解 ChatGPT 研修課程的流程，以及能得到哪些效果，引起目標使用者的興趣。

3. 與網紅合作
為了接觸 ChatGPT 法人應用研修課程的目標使用者，可試著與網紅合作。請提供研修課程資訊的部落格或是社群媒體介紹 ChatGPT 應用研修課程，可引起目標使用者的興趣。

【以下省略】

雖然是很簡單的提示詞，ChatGPT 還是提出了許多想法。此時也可以不斷地輸入「其他」，讓 ChatGPT 繼續提出想法。如果 ChatGPT 提出了不錯的想法，也可以輸入「針對○○進一步說明」這類提示詞，讓 ChatGPT 進一步說明該想法。

提示詞範例 2　思考框架應用

接著要利用「行銷漏斗」（Marketing Funnel）這個思考框架擬定行銷策略。所謂的行銷漏斗是分段分析顧客從認知產品到購買產品整個流程的思考框架。由於 ChatGPT 會針

對認知、理解、購買這些階段提出想法，讓我們知道各個階段的重點。

 你是專業的行銷專員。請透過行銷漏斗的方式，找出將下列的「服務」推廣至下列「顧客區隔」的方法。

服務（＊）
【＊輸入與「應用範例 1」（P212 ～ 218）相同的服務內容】

顧客區隔（＊）
【＊輸入與「應用範例 1」（P212 ～ 218）相同的顧客區隔】

假設目標為行銷公司，可擬出下列的行銷漏斗步驟。

1. 認知（Awareness）
必須讓更多行銷公司知道 ChatGPT 法人應用研修課程，可透過下列的方法。

・透過社群媒體向行銷公司這些目標顧客展開行銷工作。
・在部落格或是網站刊載內容，介紹 ChatGPT 輔助行銷業務的方法。
・參加相關的活動或是會議，展示應用 ChatGPT 的方式。

2. 興趣（Interest）

要讓行銷公司對 ChatGPT 法人應用研修課程產生興趣，可透過下列的方法。

・善用郵件行銷手法，詳細地介紹 ChatGPT 法人應用研修課程。
・舉辦線上研討會或是講座，說明 ChatGPT 法人應用研修課程的好處與使用方式。
・補充部落格或是網站的內容，提供 ChatGPT 法人應用研修課程的相關資訊。

3. 考慮（Consideration）

【以下省略】

　　ChatGPT 根據思考框架提出了行銷策略。此時可透過「其他」這類提示詞請 ChatGPT 繼續提出其他的答案，或是針對特定階段繼續回答。

提示詞範例 3　　評估行銷策略

　　要自行挑選覺得重要的行銷策略當然沒問題，但這次打算請 ChatGPT 幫忙挑選，也就是從剛剛 ChatGPT 提出的行銷策略挑出可行的行銷策略，再請 ChatGPT 幫忙評估（由於提示詞比較複雜，建議使用 GPT-4）。

 # 評估行銷策略
你是專業的行銷專員。想根據下列的服務與「顧客

區隔」評估「行銷策略」。請根據「變項」與「輸出結果範例」的格式進行評估。

服務（*）
【*輸入與「應用範例1」相同的服務內容】

顧客區隔（*）
【*輸入與「應用範例1」相同的顧客區隔】

行銷策略（*）

・內容行銷
透過部落格、網站與電子報提供內容，宣傳自家公司的專業知識與資訊擴散能力，可提升服務的知名度。此外，可透過社群媒體這類平台宣傳服務的特徵與優勢，這也是很有效的方法之一。

・刊登廣告
可使用 Google AdWords、Facebook 廣告、X 廣告這些網路廣告向目標使用者宣傳服務。此外，也可以考慮在業界的專業雜誌或是網路媒體刊登廣告。

【以下省略】
【*輸入在「提示詞範例1」（P218）找到的行銷策略】

變項
・產生效果的速度：五階段
　-1：很久才會看到效果
　-5：立刻看到效果
・成本的高低：五階段

-1：很耗費成本

-5：不太需要成本

・服務的適用性：五階段

-1：該顧客區隔很適合使用服務

-5：該顧客區隔很不適合使用服務

輸出結果範例

行銷策略 A

・產生效果的速度：{評估}

　→{評估的理由}

・成本的高低：五階段{評估}

　→{評估的理由}

・服務的適用性：五階段{評估}

　→{評估的理由}

行銷策略 1：內容行銷

・產生效果的速度：3

　→製作內容以及透過社群媒體宣傳固然可提升服
　　務的知名度，但有時得等上一段時間才能看到
　　效果。

・成本的高低：4

　→製作內容與經營社群媒體都很耗費成本，但比
　　花錢買廣告更省錢。

・服務的適用性：5

　→是替行銷公司量身打造的服務，所以能宣傳內
　　容製作或是社群媒體資訊擴散能力。

行銷策略 2：刊登廣告

· 產生效果的速度：5

　　→使用 Google AdWords 或是 Facebook 廣告可
　　　快速找到目標使用者，所以能在短時間之內看
　　　到效果。

· 成本的高低：2

　　→廣告成本很高，所以需要管理預算。

· 服務的適用性：4

　　→雖然可讓目標使用者看到廣告，提升服務的知
　　　名度，但只有廣告的話，無法讓目標使用者了
　　　解這項服務的具體應用方式。

【以下省略】

　　ChatGPT 根據各變項評估了每種行銷策略。有些評估
很正確，有些則讓人覺得「不是這樣吧？」建議大家不要照
單全收，先讀過一遍理由，再自行判斷。

　　此外，若是提出「請整理成表格」，ChatGPT 會顯示下
列的圖表。

施策	効果 の で やす さ	理由	コス トの 大 きさ	理由	サー ビ スと の相 性の 良さ	理由
コンテンツマーケティング	3	効果が出るまでには時間がかかる場合がある。	4	広告費に比べてコストは抑えられる。	5	マーケティング企業向けのサービスであり、コンテンツ制作やSNSでの情報発信力をアピールできる。
広告掲載	5	Google AdWordsやFacebook広告などのターゲティング広告を活用すれば、短期間で効果が出ることが期待できる。	2	広告費によってコストがかかるため、予算管理が重要。	4	ターゲット層に向けた広告を出稿し、サービスの認知度を上げることができるが、広告だけでは具体的な活用方法が伝わりにくい

⟳ Regenerate response

> ▶ 應用範例 3　撰寫 X 貼文

　　近年來，越來越多人在 X 發聲，所以接下來要介紹利用 ChatGPT 經營 X 的方法。

> 提示詞範例 1　　指定主題與目標使用者，再提出想法

User #X 貼文的想法
你是專業的社群媒體編輯。請根據「主題」與「顧客區隔」想出 10 個 X 貼文的想法。
主題
使用 ChatGPT 能快速製作內容

顧客區隔

輸入之前得到的回答

> ·行銷公司：行銷公司為了宣傳客戶端企業，必
> 須製作廣告、內容以及完成各項業務。使用
> ChatGPT 可讓行銷公司進一步了解目標受眾，以
> 及讓製作內容的業務自動化。

1. 透過 ChatGPT，讓行銷公司更快做出內容吧！
   #ChatGPT# 行銷 # 內容製作

2. 對於負責宣傳客戶端企業的行銷公司來說，
   ChatGPT 是不可或缺的工具。# 行銷 #ChatGPT

【中略】

10. 行銷公司可透過 ChatGPT 替客戶端企業做出
    更具宣傳效果的內容。#ChatGPT# 行銷 # 宣傳
    # 製作宣傳效果明顯的內容

　　ChatGPT 針對主題提出了 10 個內容略有差異的文章。
如果繼續輸入「其他」，還可以產生更多文章，發現其中有
不錯的文章，也可以請 ChatGPT 根據該文章撰寫不同版本。

　　這次的提示詞指定了「10 個」，如果不指定個數，通
常 ChatGPT 只會提出一個。ChatGPT 在回答問題的時候，
一個問題大概會回答 500 ～ 1,000 字左右，所以問題一旦增
加，每個問題的答案就會變短；問題減少，答案就會變長。
建議大家設定適當的字數，以便得到長度適當的文章。

　　接著要請 ChatGPT 從剛剛產生的想法挑出一個不錯的想法，再根據這個想法撰寫貼文。

　　這次會指定字數、格式與參考範例。可在「## 參考範例」的下方貼入之前自己撰寫的文章，或是想參考的帳號的文章，讓 ChatGPT 根據這些文章的風格撰寫文章。由於這次的條件較多，所以建議使用 GPT-4。

User

#X 的貼文
你是專業的社群媒體編輯。請根據下列的「訊息」、「規則」與「參考範例」，撰寫風格類似的 X 貼文。文體請參考「參考範例」。

訊息
行銷公司可透過 ChatGPT 進一步了解目標受眾

規則
・字數不超過 140 個全形字元
・分成三個段落
・第一個段落為吸睛的標題
・在每個段落的結尾插入換行字元
・加上 5 個 hashtag

參考範例
善用外部人才（HBR）

・每間公司採用外部人才的門檻與效果都不同

・建議一開始先以實驗性質的方式採用
・針對相同主題比較員工與外部人才的績效

不管要進行什麼挑戰都不要貿然開始，而是要步步為營。

 利用 ChatGPT 讓行銷進化

・進一步了解目標受眾
・利用 ChatGPT 擬出更有效的行銷策略
・讓 ChatGPT 成為行銷公司的新夥伴

透過 ChatGPT 前進次世代行銷策略！ #ChatGPT
行銷 # 受眾 # 策略 # 夥伴

　　ChatGPT 會產生類似上述的文章。由於只輸入了訊息，沒有提供額外的資訊，所以這篇文章讓人覺得深度不足。建議大家在發文之前自行加入一些內容，賦予文章更多變化或深度。

提示詞範例 3 　根據原始文章產生訊息

　　接著要介紹更實用的方法。
　　這次要先撰寫文章，再請 ChatGPT 改成 X 貼文。原始文章可以是部落格文章、電視新聞，也不一定非得是中文。這次也是使用 GPT-4 產生訊息。

撰寫 X 貼文

你是專業的社群媒體編輯。請根據下列的「規則」
與「參考範例」,將下列的「原始文章」整理成 X
貼文。文體請參考「參考範例」。

規則

- 字數不超過 140 個全形字元
- 一開始先植入吸睛的標題
- 將重點整理成三個條列式項目的文章
- 重點盡可能具體
- 重點要有資料、原因與數值
- 最後植入自己的想法與心得
- 在每個段落的結尾插入換行字元
- 加上 5 個 hashtag
- hashtag 不算在字數之內

參考範例

【 * 輸入參考範例 】

原始文章（ * ）

By now, you have probably heard of ChatGPT,
Google's Gemini, Microsoft's Sydney or any
number of artificial intelligence（AI）programs
that have become the present fascination of the
tech industry. Once ripped from the pages of pulpy
1970s sci-fi paperbacks, AI is now so very much
real that it's available to the public and is being
used as an asset in the working world.

隨著 AI 的進化，行銷手法也迎來創新。
・ChatGPT 可提升顧客服務與運算的效率。
・除了可信度提高，也必須注意資訊的正確性。
・人類的感性與信賴無法以 AI 取代。
透過 AI 擴大生意版圖，同時兼顧倫理，摸索人類與
AI 共存的方式。
#AI# 聊天機器人 # 行銷 # 可信度 # 人類與 AI

在這個範例中，ChatGTP 根據外國媒體的行銷策略文
章撰寫了 X 貼文。貼入英文之後，ChatGPT 可立刻將英文
改寫成母語，這就是 ChatGPT 的厲害之處。

像這樣改編國內外的最新資訊，就能快速寫出吸引使用
者注意的貼文。

接著撰寫陳列式的廣告文。這次會先設定 Google 廣告的規則、格式與條件，再請 ChatGPT 幫忙撰寫文章。

提示詞範例 1　製作 Google 廣告

User # 撰寫廣告文案

你是專業的廣告行銷人員。你想在搜尋引擎的「關鍵字」刊登 Google 廣告。請根據「服務」、「顧客洞見」、「規則」和「輸出結果範例」5 大格式撰寫廣告文章。

搜尋關鍵字

・員工研修

・法人研修

服務

・ChatGPT 法人應用研修課程

・可透過網路影片學習

・每月 10 萬圓的年度契約

・可供 30 人無限使用

> 輸入之前得到的回答

顧客洞見

・行銷公司：行銷公司為了宣傳客戶端企業，必須製作廣告、內容以及完成各項業務。使用 ChatGPT 可讓行銷公司進一步了解目標受眾，以及讓製作內容的業務自動化。

規則
- 標題的字數不超過 15 個全形字元
- 有時可讓標題搭配使用
- 標題最好包含「搜尋關鍵字」
- 說明的字數不超過 45 個全形字元
- 不使用驚嘆號（例如！）
- 不使用空白字元

輸出結果範例
- 標題 1：{ 標題 }
- 標題 2：{ 標題 }
- 標題 3：{ 標題 }
- 標題 4：{ 標題 }
- 標題 5：{ 標題 }

- 說明 1：{ 說明內容 }
- 說明 2：{ 說明內容 }

- 標題 1：透過法人研修課程學習 ChatGPT
- 標題 2：透過員工研修學習最先進的技術
- 標題 3：有效的線上課程
- 標題 4：為行銷業界量身打造的課程
- 標題 5：每月 10 萬圓即可無限使用

- 說明 1：透過 ChatGPT 法人研修課程提升業務效率。最多可供 30 人無限次透過網路影片學習。
- 說明 2：以年度契約的方式提供課程，每月 10 萬圓的費用。可讓行銷公司在製作內容的業務產生戲劇性的進化。

上述的回答與常見的 Google 廣告無異。輸入「其他」可讓 ChatGPT 提供其他的內容，也可以仿照剛剛的 X 貼文輸入「參考範例」或是指定「原始文章」，下達更具體的指示詞。

第 7 章

Excel
& 試算表

ChatGPT 的高階處理能力也能應用於 Excel 或是試算表。只需要學會這招，就能大量收集資訊、撰寫文章，也能一口氣處理很多文書資料（分類、貼標籤），提升各種工作效率。

要在 Excel 或是試算表使用 ChatGPT 必須另外註冊「OpenAI API」。API 是「Application Programming Interface」的縮寫，指的是透過某項服務使用另一項服務的意思。這次我們要透過 Excel 或是試算表使用 ChatGPT 的功能，所以必須註冊這個 API。過程可能有點難，但步驟其實是簡單的。

此外，OpenAI API 是以量計價的收費制度，而且費用相當划算，以 2023 年 5 月為例，每收發一次 1,000 個文字的文章，只需要約 0.3 圓的費用。即使如此，大量使用還是所費不貲，所以最好設定使用上限或是確認一下使用狀況，具體的方法也會在本章的最後解說（P263）。

第一次使用 OpenAI API 可免費使用 18 美元的額度（2023 年 5 月的標準），所以可先試用看看。要注意的是，這項服務的規格有可能在本書發行之後變更，所以在使用之前，請務必先瀏覽最新的資訊。

* 本章有許多內容借鑑於 Tatebayashi 淳的著作《利用

Excel×ChatGPT 加速事業進展！AI 工作術：不要只會跟 ChatGPT 說「請說明○○」！50 個有助於工作的實例》，在此謹向 Tatebayashi 淳先生致上敬意。

應用 OpenAI API 的事前準備

1. 註冊 OpenAI 的 API 與取得 API Key

註冊 OpenAI 的 API 與取得 API Key 的方法如下。

首先瀏覽 OpenAI 的官方網站（https://openai.com/blog/openai-api）。在搜尋引擎搜尋「OpenAI API」就會在第一個搜尋結果出現。

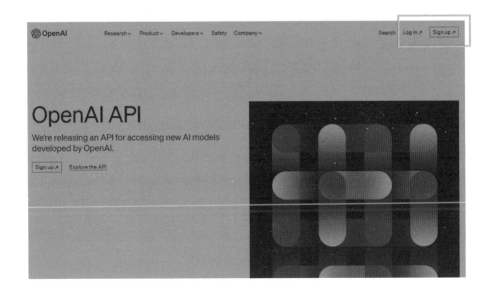

如果已經註冊了 ChatGPT 的帳號，可點選畫面右上角的「Log in」登入。如果還沒有帳號，可點選「Sign up」註冊。登入之後，點選畫面右上角的「Personal」，再從選單點選「View API Keys」。

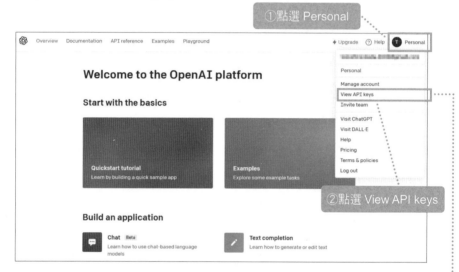

　　點選畫面正中央的「+ Create new secret key」，就能新增 API Key。

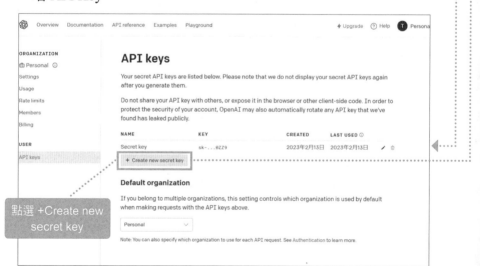

在發行 API Key 的時候可以命名。比方說，命名為
「for excel」，就能一眼看出這個 API Key 的用途。

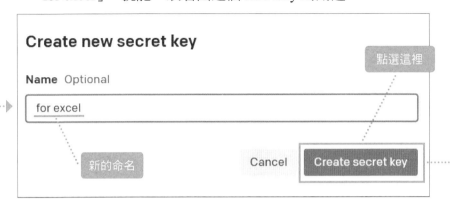

新增 API Key（下方「k-Rr9…」就是 API Key）。此
外，API Key 無法事後確認內容，所以請先記錄起來。

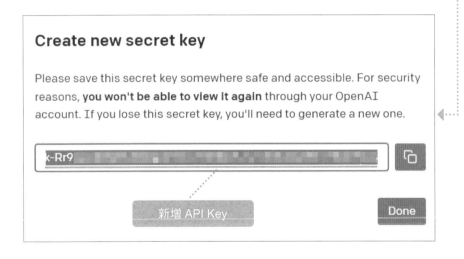

如果不小心忘記 API Key，可先刪除該 API Key 再新
增。由於可以知道每個 API Key 的使用情況，所以可替不同

的服務新增不同的 API Key。

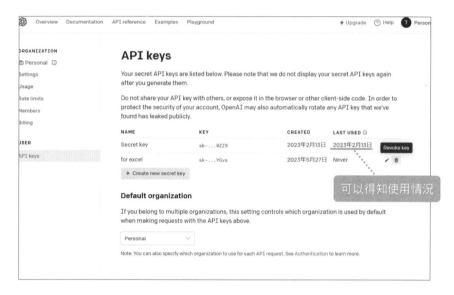

完成上述的步驟之後，OpenAI 的 API 就註冊完畢，也取得 API Key 了。

只要使用這個 API Key 就能從 Excel 或是試算表使用 ChatGPT 的功能。如果用完免費的額度，就必須新增信用卡。新增信用卡與設定使用上限的方法留待後續說明。

2. 在 Excel 使用 ChatGPT

要在 Excel 使用 OpenAI 的 API，必須新增微軟提供的增益集「Excel Labs, a Microsoft Garage project」。

請先點選 Excel 畫面上方的「插入」選項，再點選「我的增益集」。

點選插入　　　　　　　我的增益集

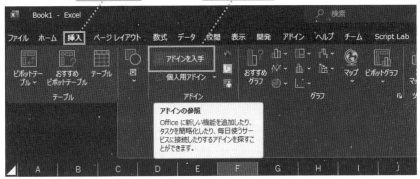

　　點選「store」，再於左側的搜尋欄位輸入「excel labs」。如圖顯示「Excel Labs, a Microsoft Garage project」，點選「新增」即可安裝。

增益集安裝完成後，Excel 的右側會自動開啟設定畫面。如果未開啟，可點選畫面上方的「常用」選項，再點選功能區右側的「Excel Labs」就會開啟。右側顯示「LABS. GENERATIVEAI function」之後，點選下方的「Open」。

　　往下捲動畫面之後，會發現「Cofigure API Key」的選單。點選這個選項，再將剛剛取得的 Open AI 的 API Key 貼入「OpenAI API key」這個欄位。

將 API Key 貼在這裡

如此一來就能使用 LABS.GENERATIVEAI 函數，也能
透過這個函數在 Excel 使用 ChatGPT 的功能。請在隨便一
個儲存格輸入「LABS.GENERATIVEAI（"東京最高的建築
物是什麼？"）」。此時會顯示「# B Busy!」過一會兒就會
顯示結果。

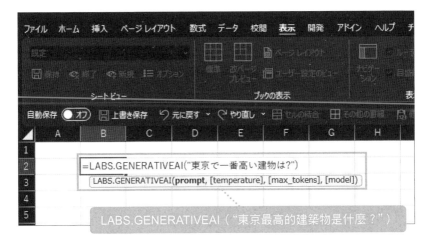

LABS.GENERATIVEAI（"東京最高的建築物是什麼？"）

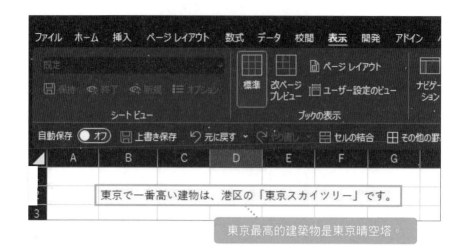

東京最高的建築物是東京晴空塔。

　　雖然函數很長，讓人背不起來，但其實輸入「=LAB」就會顯示後續的函數名稱，此時只要按下鍵盤的 TAB 鍵，或是利用滑鼠雙點後續的函數名稱，就能自動輸入函數。

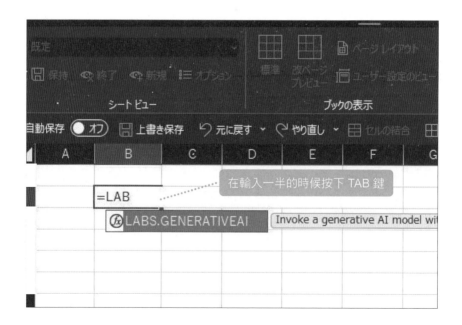

在輸入一半的時候按下 TAB 鍵

接著讓我們記住設定項目。位於 Excel 右側的增益集設定畫面的下方有「Settings」選項，可在這個選項設定下列的項目。

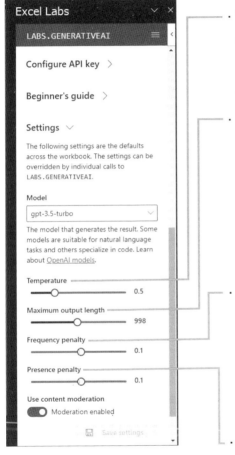

· Temperature：回答的隨機性。設定為 0，就會盡可能地回答相同的內容。數值越大，回答的隨機性越高。

· Maximum output length：回答的最大資料量。這裡的單位為 token 而不是字數，1 個字大概是 1 ～ 2 token，若是設定為 1,000，回答的字數最多會是 500 ～ 1,000 字左右。

· Frequency penalty：是否使用相同單字的設定。若設定為負值就會重複使用相同的單字，若是設定為正值就比較不會使用相同的單字。

· Presence penalty：與 Frequency penalty 一樣是與是否使用相同單字有關的設定。設定為正值就比較不會使用相同的單字。

3. 在試算表使用 ChatGPT

要在 Google 試算表使用 OpenAI 的 API 可使用「GPT for Sheets」。這是 Google 試算表免費的增益集，而且是名聲在外的工具。

開啟 Google 試算表，雙點「擴充功能」，再點選「外掛程式」→「取得外掛程式」。

在搜尋欄位輸入「GPT for sheets」。

在「GPT for Sheets and Docs」的畫面點選「安裝」。

安裝時，會要求登入 Google 帳號，請先登入。

登入 Googlle 帳號

接著會顯示詢問是否允許安裝這個外掛程式的畫面，請
點選「允許」。

點選允許

完成上述的步驟之後，外掛程式就安裝完成了。此時試算表的右側會顯示外掛程式的設定畫面。如果沒有顯示，請點選畫面上方的「擴充功能」，再點選「GPT for Sheets and Docs」→「Launch & Enable functions」。由於還沒設定 API Key，所以請點選外掛程式上方的「Set your API Key」。

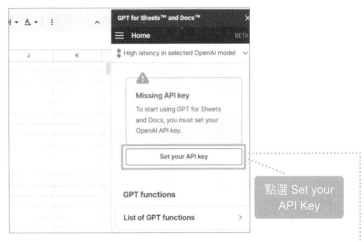

輸入於 P239 取得的 API Key，再點選「Save API Key」鍵即可使用。

安裝「GPT for Sheets」之後可使用 GPT 函數。比方說，在隨便一個儲存格輸入「=GPT（"東京最高的建築物是？"）」之後，會先顯示「Loadings…」，過了一會兒便會顯示結果。

由於 Excel 的使用者較多，所以本書接下來也會以 Excel 為主，至於「GPT for Sheets」就只能予以割愛。有興趣的讀者可前往筆者的 YouTube 頻道「Remote Work 研究所」，透過影片進一步了解相關的內容。

▶ 在 Excel& 試算表輸入提示詞（提問祕訣）

要在 Excel 或試算表靈活地使用 ChatGPT 功能，必須知道輸入提示詞（問題）的祕訣。

祕訣 1：提示詞不要在函數中輸入，而是要在其他的儲存格輸入

若在函數輸入提示詞，有可能無法一眼看出意義，也不知道是為了得到什麼結果而輸入，有時候還得花時間修正。

在不同的儲存格輸入函數與提示詞，比較容易確認提示詞的內容，也比較容易修正提示詞。

NG 範例：在函數輸入提示詞（提問）

× 不容易確認內容
× 不容易修改
× 很難一口氣變更內容

OK 範例：將提示詞（提問）與函數分開

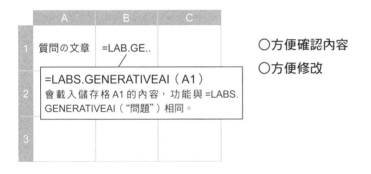

○方便確認內容
○方便修改

祕訣 2：讓變數與固定內容進行排列組合

學會讓多個儲存格的內容組成提示詞的方法，就能更徹底地在 Excel 使用 ChatGPT。比方說，在一個儲存格輸入固定內容，在另一個儲存格輸入追加的資訊（例如特定的條件或是規則）就是其中一種使用方法。

下面的範例將固定內容放在儲存格 B1，並在 A 欄輸入變數（公司名稱），然後透過組合這兩個內容的方式量產提示詞。

如果固定內容太長，可以在另一張工作表輸入該內容，然後透過參照的方式組成需要的提示詞。

利用變數與固定內容組成提示詞（問題）

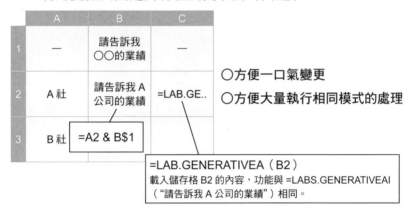

	A	B	C
1	─	請告訴我 ○○的業績	─
2	A 社	請告訴我 A 公司的業績	=LAB.GE..
3	B 社	=A2 & B$1	

○方便一口氣變更
○方便大量執行相同模式的處理

=LAB.GENERATIVEA（B2）
載入儲存格 B2 的內容，功能與 =LABS.GENERATIVEAI
（"請告訴我 A 公司的業績"）相同。

利用變數與冗長的固定內容組成提示詞

工作表 1

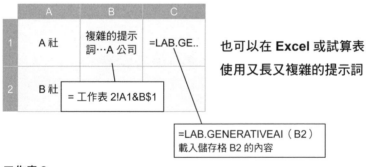

	A	B	C
1	A 社	複雜的提示 詞…A 公司	=LAB.GE..
2	B 社	= 工作表 2!A1&B$1	

也可以在 Excel 或試算表
使用又長又複雜的提示詞

=LAB.GENERATIVEAI（B2）
載入儲存格 B2 的內容

工作表 2

	A
1	複雜的提示詞

第一種應用方式就是提升收集資訊的效率。利用前面介紹的技巧量產收集資訊的提示詞，就能大量收集資訊，可應用的場景如下。

- **收集業界資訊**
- **調查每個關鍵字的資訊**
- **收集企業資訊**
- **其他**

具體範例：調查外國教育服務

這次要介紹的例子是製作「外國教育服務的概要與特徵」的工作表。輸出結果範例請參考下方圖片。

	A	B	C	D	
1	企業名	概要		強みや特長	
2		プロンプト	結果	プロンプト	結果
3		の会社概要	-	の強みや特長を箇条書きで教えて	
4	Udemy for Business	Udemy for Businessの会社概要	Udemy for Businessは、企業向けのオンライン学習プラットフォームです。従業員がスキルを向上させ、キャリア	Udemy for Businessの強みや特長を箇条書きで教え	- 豊富多様なカ
5	Coursera for Business	Coursera for Businessの会社概要	Coursera for Businessは、オンライン教育プラットフォームのCourseraが提	Coursera for Businessの強みや特長を箇条書きで教え	- 多様世界
6	LinkedIn Learning	LinkedIn Learningの会社概要	LinkedIn Learningは、LinkedInが運営するオンライン学習プラットフォー	LinkedIn Learningの強みや特長を簡条	- Linkスを提
7	Skillsoft	Skillsoftの会社概要	Skillsoftは、企業向けのeラーニングコンテンツやパフォーマンスサポート	Skillsoftの強みや特長を箇条書きで教え	- 幅広- オン
8	Pluralsight	Pluralsightの会社概要		Pluralsightの強みや特長を箇条書きで教えて	

首先在 A 欄輸入要調查的各種服務。在輸入各種服務時,可先向 ChatGPT 提出「以條列式的格式列出外國法人教育服務企業」這種問題,取得條列式的資料,或是透過 Google 取得服務的一覽表。

	A
1	企業名
2	
3	
4	Udemy for Business
5	Coursera for Business
6	LinkedIn Learning
7	Skillsoft
8	Pluralsight

接著要思考想了解各項服務的哪些項目,比方說「公司概要」、「強項或優勢」和「組織規模」都是其中之一。要了解這項項目,可在第 3 列輸入要與 A 欄的服務名稱搭配的問題,例如「○○公司的概要」、「請以條列式的方式列出○○公司的強項與優勢」、「請依照輸出結果範例說明○○組織的規模」,都是組合之後的提示詞。

B	D	F
概要	強みや特長	
プロンプト	プロンプト	プロンプト
の会社概要	の強みや特長を箇条書きで教えて	以下の会社の特長の中で、オンライン研修市場で特に強みになりそうなものを1つ選んで

　　輸入上述的資料之後，要建立提示詞專用儲存格，藉此組合 A 欄的服務名稱與第 3 列的問題。流程很簡單，比方說，要建立「Udemy for Business 的公司概要」這種提示詞，只需要輸入「=A4 & B\$3」這個公式。

企業名		概要
		プロンプト
		の会社概要
Udemy for Business		=A4&B$3

　　透過 LABS.GENERATIVEAI 函數將這些量產的提示詞傳送給 OpenAI，就能得到每個提示詞的答案（參考下一頁的圖）。

	A	B		C
企業名	概要			
	プロンプト		結果	
	の会社概要		-	
Udemy for Business	Udemy for Businessの会社概要			
			=LABS.GENERATIVEAI(B4)	

接下來要介紹稍微高階的應用方式。

這次要在得到答案之後，從答案新增提示詞。下面的範例在儲存格 E4 使用了 LABS.GENERATIVEAI 函數，得到了「Udemy 的強項與優勢」的答案，然後利用儲存格 E4 的資料以及儲存格 F3 的固定問題建立了儲存格 F4 這種提示詞，然後再於儲存格 G4 以 LABS.GENERATIVEAI 函數將儲存格 F4 的提示詞傳送給 OpenAI，得到了新的回答。

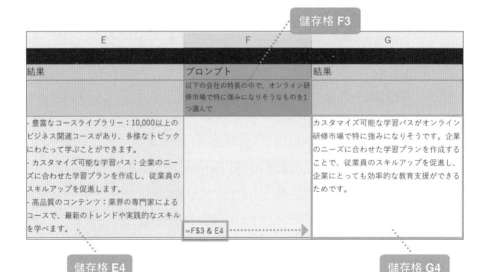

儲存格 F3

E	F	G
結果	プロンプト	結果
	以下の会社の特長の中で、オンライン研修市場で特に強みになりそうなものを1つ選んで	
- 豊富なコースライブラリー：10,000以上のビジネス関連コースがあり、多様なトピックにわたって学ぶことができます。 - カスタマイズ可能な学習パス：企業のニーズに合わせた学習プランを作成し、従業員のスキルアップを促進します。 - 高品質のコンテンツ：業界の専門家によるコースで、最新のトレンドや実践的なスキルを学べます。	=F$3 & E4	カスタマイズ可能な学習パスがオンライン研修市場で特に強みになりそうです。企業のニーズに合わせた学習プランを作成することで、従業員のスキルアップを促進し、企業にとっても効率的な教育支援ができるためです。

儲存格 E4

儲存格 G4

	A	B	C	D	E	F	G	
	企業名	概要		強みや特長				組織の
		プロンプト	結果	プロンプト	結果	プロンプト	結果	プロ
		の会社概要	-	の強みや特長を簡条書きで教えて		以下の特長の中で、オンライン研		の組織ブット使えて
	Udemy for Business	Udemy for Businessの会社概要	Udemy for Businessは、企業向けのオンライン学習プラットフォームです。従業員がスキルを向上させ、キャリアを発展させるために、5,500以上のトピックから	Udemy for Businessの強みや特長を簡条書きで教えて	- 豊富なコースライブラリー：10,000以上のビジネス関連コースがあり、多様なトピックにわたって学ぶことができます。 - カスタマイズ	以下の会社の特長の中で、オンライン研修市場で特に強みになりそうなものを1つ選んで - 豊富なコースライブラリー：10,000	カスタマイズ可能な学習パスがオンライン研修市場で特に強みになりそうです。企業のニーズに合わせた学習プランを作成することで、従業員のスキルアップを促進し、企業にとっても効率的な教育支援ができるためで	Udemy組織ブットえて #アウト・人数・拠点・展開開してい

　意思是只要學會這種組合內容的方法，就能以提示詞→回答→新的提示詞→回答→新的提示詞……，不斷地向 ChatGPT 提出問題，讓整個提問過程自動化。

　學會這種手法可快速收集大量的資訊，讓分析與整理這些資訊的作業變得更有效率。雖然 ChatGPT 的精確度與資料處理能力還差強人意，但今後一定會出現更精確，資料更新的生成式 AI，到時候只要改用最新的生成式 AI，就能進一步提升效率。

應用範例 2　替不同對象撰寫文章

　第二種應用方式就是替不同的對象撰寫文章。輸入收件人與資訊，就能依照這些對象的情況撰寫不同的文章，主要的應用場景如下。

- 針對不同的收件人撰寫不同內容的郵件
- 撰寫每間公司的簡介
- 撰寫客服問答集
- 其他

具體範例：撰寫講座來賓的感謝信

這次示範的是針對每位講座來賓撰寫內容不同的感謝信。輸出結果範例如下，主要是在 F 欄輸入提示詞，再於 G 欄輸入 LABS.GENERATIVEAI 函數的答案（信件內容）。

F	G
#セミナー参加者へのお礼メールの文案作成 あなたはインサイドセールス担当者です。メールで相手からの信頼を獲得し、セールスにつなげるプロです。 以下の「メール内容」「アンケート回答内容」をもとに、文章を作ってください。 ##メール内容 ・セミナー参加者へのお礼メール ・まずセミナー参加への感謝を伝える ・「アンケート回答」の「セミナー満足度」に回答する ・「アンケート回答」の「役割」に合わせて、内容を変える ・「アンケート回答」の「今回のウェビナーで役立ったこと」に合わせて、内容を変える ・「アンケート回答」に「感想」がある場合、なるべく内容を参照し、回答する ・返信いただけるよう促す ・自然な形で、ヒアリングのお打ち合わせの打診をする ・お打ち合わせでは、他社事例・活用事例など、お客様にお役立	件名：【セミナー参加者へ】セミナー参加ありがとうございました 拝啓　○○様 先日は弊社主催のセミナーにご参加いただき、誠にありがとうございました。おかげさまで、大変盛況なセミナーとなりました。 アンケートにご協力いただき、ありがとうございます。○○様の貴重なご意見を参考に、今後のセミナー改善に活かしてまいります。 アンケート回答によりますと、今回のウェビナーで役立ったことは、企画におけるChatGPTのおすすめの活用方法だったとのことでした。営業企画・

第一步先整理問卷結果。以這次的範例來看，A～D 欄都是問卷結果，這個範例也將這些問卷結果彙集至 E 欄。

A	B	C	D	E	F
今回のウェビナーの満足度を教えてください。：	役職	今回のウェビナーでお役に立った内容を教えてください。：	「海外の有識者を招いたウェビナーコンテンツ企画支援」について、あなたのご関心を教えてください。	回答内容	プロンプト
不満	営業企画・営業推進	企画におけるC	興味はあるが、説明や資料は不要	・セミナー満足度：今回のウェビナーの満足度を教えてください。： ・役職：営業企画・営業推進 ・今回のウェビナーで役立ったこと：企画におけるChatGPTのおすすめの活用方法 ・サービスへの関心：興味はあるが、説明や資料は不要	#セミナー参加者へのお礼メールの文案作成 あなたはインサイドセールス担当者です。メールで相手からの信頼を獲得し、セールスにつなげるプロです。 以下の「メール内容」「アンケート回答内容」をもとに、文章を作ってください。 ##メール内容 ・セミナー参加者へのお礼メール ・まずセミナー参加への感謝を伝える ・「アンケート回答」の「セミナー満足度」に回答する

　　　　接著是在 F 欄輸入了提示詞。由於這次的提示詞較長，所以放在另一張工作表的儲存格。將這個儲存格的文章與 E 欄的回答合併，就能整理成 F 欄的提示詞。

あなたはインサイドセールス担当者です。メールで相手からの信頼を獲得し、セールスにつなげるプロです。
以下の「メール内容」「アンケート回答内容」をもとに、文章を作ってください。

##メール内容
・セミナー参加者へのお礼メール
・まずセミナー参加への感謝を伝える
・「アンケート回答」の「セミナー満足度」に回答する
・「アンケート回答」の「役割」に合わせて、内容を変える
・「アンケート回答」の「今回のウェビナーで役立ったこと」に合わせて、内容を変える
・「アンケート回答」に「感想」がある場合、なるべく内容を参照し、回答する
・返信いただけるよう促す
・自然な形で、ヒアリングのお打ち合わせの打診をする
・お打ち合わせでは、他社事例・活用事例など、お客様にお役立ていただける情報を提供することを伝える

##アンケート回答内容

　　　　利用 LABS.GENERATIVEAI 函數將上述的提示詞傳送給 OpenAI，就能得到回答。

> **應用範例 3** 　**文章資料的批次處理**（分類或是貼標籤）

　　第三種應用方式就是文章資料的批次處理。這個方法可將顧客來信詢問的內容、社群媒體的貼文，以及類似的文章資料分類與貼標籤。之前這些分類作業都只能依賴人力處理。如果只有幾十筆資料，或許還沒問題，但是當資料膨脹至幾百筆，甚至是幾千筆，就很難透過人力處理。只要使用這次的手法就能快速分類如此龐大的資料，也能替這些資料貼標籤。比方說，可在下列這類場景提升生產力。

- 分類與彙整問卷的個人意見
- 分類與彙整顧客的詢問內容
- 分類與彙整社群媒體的貼文
- 其他

具體範例：彙整問卷的個人意見

　　這次的範例要分類問卷的個人意見。輸出結果的範例如下。主要是在 C 欄分類了 A 欄的個人意見。此外，還在資料完成分類之後，利用 Excel 的 COUNTIF 函數取得了資料的筆數，並在 D 欄之後進行彙整。

	アンケート結果（ChatGPTの活用	プロンプト	結果	集計			
	A	B	C	分類1：情報収集・調査	分類2：学習・教育のサポート	分類3：コミュニケーション・コミュニティのサポート	分類4：ビジネス・仕事に関するサポート
	仕事では1000字を超える長文資料を要約させるためによく使っています。プライベートでは調べたいこと（例えばセルフメディケーション税制について、など）について質問しています	#回答内容の分類 アンケート回答結果を分類したい。 「分類リスト」を見た上で、以下の「回答内容」を「アウトプット例」のように分類して。 複数の分類に該当する場合は、複数の分類を教えて ##分類リストと定義 ・分類1：情報収集・調査 　−定義：あるテーマやトピックについて、情報を収集し調査することが目的となる分類。主に、検索や調べ物を行うことが含まれます。 ・分類2：学習・教育のサポート 　−定義：学習や教育に関する質問や調査、プログラムの作成、文法や翻訳などのサポートを目的とする分類。主に、知識・スキルの習得を支援することがまれます。	分類1：情報の収集・調査,分類4：ビジネス・仕事に関するサポート	0	0	0	
	会話がしたいとき、何か新しいこ	#回答内容の分類	<No OpenAI API ke	0	0	0	

　　要分類資料就必須先決定「有哪些分類」。我們可自行決定分類，也可以先將一些問卷資料輸入 ChatGPT，再向 ChatGPT 提出「請告訴我這些問卷資料能如何分類」的問題，請 ChatGPT 提供相關的意見。

　　這次用於分類的提示詞請參考下方圖片。提升分類精確度的祕訣在於「正確定義分類」與「定義輸出結果範例」，輸出結果範例的定義尤其重要，如果沒有正確定義輸出結果，只會得到五花八門的答案，之後也很難彙整。

#回答内容の分類
アンケート回答結果を分類したい。
「分類リスト」を見た上で、以下の「回答内容」を「アウトプット例」のように分類して。
複数の分類に該当する場合は、複数の分類を教えて

##分類リストと定義
・分類1：情報収集、調査
　−定義：あるテーマやトピックについて、情報を収集し調査することが目的となる分類。主に、検索や調べ物を行うことが含まれます。

・分類2：學習、教育援助
　−定義：学習や教育に関する質問や調査、プログラムの作成、文法や翻訳などのサポートを目的とする分類。主に、知識・スキルの習得を支援することが含まれます。

・分類3：溝通援助
　−定義：コミュニケーションや人間関係のサポートを目的とする分類。主に、会話や相手の質問に答えることが含まれます。

・分類4：商業、工作援助

這個範例在 B 欄輸入了分類所需的提示詞，以及搭配 A 欄個人意見的提示詞。

利用 C 欄的 LABS.GENERATIVEAI 函數將 B 欄的提示詞傳送給 OpenAI，取得分類結果。

後續就只是 Excel 的處理。由於在提示詞指定了輸出結果範例，所以分類結果也以「分類 1：情報收集、調查」的格式呈現。在 D ～ J 欄使用 COUNTIF 函數確認 C 欄的文章是否包含分類的字串。

	C	D
	結果	集計
		分類1：情報収集・調査
類し	分類1：情報の収集・調査,分類4：ビジネス・仕事に関するサポート	=COUNTIF($C3,"*"&D$2&"*")

讓 ChatGPT 的功能與 Excel 的函數組合，就能快速完成這類彙整作業。這種方法能於各種場景應用，有機會的話，請大家務必試試看。

▶ 在 OpenAI API 註冊信用卡與設定上限

一如本章開頭所述，OpenAI API 提供了定量的免費使用額度，一旦超過這個額度就會開始收費，如果需要常常使用 OpenAI API，就必須註冊信用卡。

註冊信用卡

在 OpenAI 的 API 管理畫面點選左側的「Billing」，開啟新畫面之後，接著點選畫面中央的「Set up paid account」按鈕。

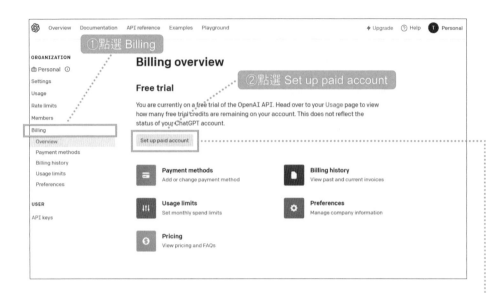

此時會顯示兩種支付選項。如果僅限個人使用，可點選上方的「I'm an individual」。

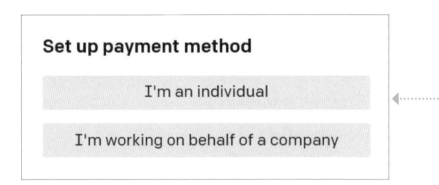

接下來會切換至註冊信用卡的畫面（下一頁），輸入相關的資訊後，點選「Set up payment method」。

Set up payment method

Pay as you go

A temporary authorization hold will be placed on your card for $5. At the end of each calendar month, you'll be charged for all usage that happened during the month.

What is a temporary authorization hold?

Learn more about pricing ☒

Card information

⊞ カード番号	月 / 年　セキュリティコード

Name on card

Acme

Billing address

Country ⌄

Address line 1

Address line 2

City	Postal code

State, county, province, or region

Cancel　　**Set up payment method**

①輸入資訊

②點選 Set up payment method

確認使用情況

點選左側選單的「Usage」就能確認每天的使用情況。差不多五分鐘就會顯示結果。

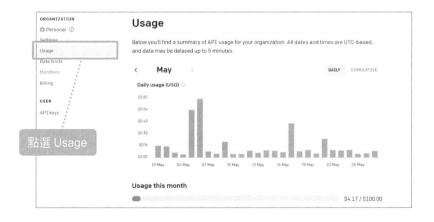

ORGANIZATION
🏛 Personal ⓘ

Settings
Usage
Rate limits
Members
Billing

USER
API keys

點選 Usage

Usage

Below you'll find a summary of API usage for your organization. All dates and times are UTC-based, and data may be delayed up to 5 minutes.

‹　**May**　›　　　　　　　　　　　**DAILY**　CUMULATIVE

Daily usage (USD) ⓘ

$0.80
$0.64
$0.48
$0.32
$0.16
$0.00
　01 May　04 May　07 May　10 May　13 May　16 May　19 May　22 May　25 May

Usage this month

●　　　　　　　　　　　　　　　　　　$4.17 / $100.00

設定使用上限

OpenAI 的 API 可設定使用上限與通知。在左側選單點選「Billing」→「Usage limits」會切換至下列的畫面。

「Hard limit」是一旦到達這個金額就停止使用 API 的設定。「Soft limit」則是一旦到達這個金額就發信提示使用者的設定。大家可視使用情況設定。

此外，「Approved usage limit」則可設定每月最高使用金額。這個範例設定成「120 美元」，如果要超過這個金額，必須點選「Request increase」，申請拉高上限。

第 8 章

英語學習

ChatGPT 除了支援中文，也支援英語。話說回來，來自英語圈的 ChatGPT 當然支援英語，而且也支援多種語言。雖然官方網站沒有正式宣布支援哪些語言，但就目前來看，支援了日語、西班牙語、德語、法語、阿拉伯語、韓語與其他語言。

ChatGPT 擁有高階的翻譯能力。我曾請教母語為英語的朋友，他告訴我，ChatGPT 翻譯的英文比其他翻譯工具更接近自然的英語。

本章要介紹幾種透過 ChatGPT 的翻譯功能化解英語或是其他外語的隔閡，藉此擴展生意版圖的方式。

應用範例 1　請 ChatGPT 校閱自己撰寫的外語文章

第一種應用方式就是請 ChatGPT 幫忙校閱自己撰寫的外語文章。

在此之前，很多人都使用 Google 翻譯或是 DeepL 這類工具翻譯外文，卻很難知道自己撰寫的外語文章有哪些錯誤或是語氣自然與否（最近也有 DeepL Write、Grammarly 這類幫忙檢查文法、語氣的服務出現）。

反觀 ChatGPT 能幫忙校閱文法錯誤，有待修正的內容

或是變更語氣，這有點像是身邊有位英語老師在指導一樣。由於是 AI，所以幾乎能立刻回覆，而且還能針對感興趣的部分或是不懂的部分追問。

　　某個英語學習服務將人工英語文法校閱服務換成 ChatGPT 之後，大幅節省了人力成本，也提供了與之前相當的服務品質。由此可知，ChatGPT 擁有與人類相當的文章校閱能力。

　　我在撰寫英文文章時，會自己先寫一遍，再請 ChatGPT 幫忙校閱文法問題，或是請 ChatGPT 幫忙修改成更好的文章。我目前都是先進一步了解 ChatGPT 提出的問題，然後自行修正文章，不會只是複製與貼上，藉此透過工作學習英語。

　　提示詞範例

 User 下列的英文文章有什麼需要改進或是錯誤的地方？

Could you speak about "Marketing Trend / Topic" at Big Virtual Event in Japan (Thousands of participants)? I organize various online events with Japanese companies. I looked at your great background of Marketing. Would you be interested?

 Here's a suggested improvement to the text:

Dear [Name],

I hope this message finds you well. I am writing to

inquire if you would be interested in speaking about "Marketing Trends/Topics" at our upcoming Big Virtual Event in Japan, which will have thousands of participants.

【以下省略】

User 請告訴我具體修正了哪些地方。

 以下具體說明修正的部分。

1. 追加標題：原始文章沒有活動的標題，所以追加了標題。

2. 追加敬稱：商業書信通常會使用敬稱。

3. 問候語：商業書信的開場白或是問候語非常重要。

【以下省略】

User 請將下列的英文修改成更正式的文體。

Could you speak about "Marketing Trend / Topic" at Big Virtual Event in Japan(Thousands of participants)? I organize various online events with Japanese companies. I looked at your great background of Marketing. Would you be interested?

Would you be willing to deliver a presentation on the subject of "Marketing Trends and Topics" at a large-scale virtual event in Japan, which is anticipated to attract thousands of attendees? As an organizer of numerous online events in partnership with Japanese corporations, I have reviewed your impressive credentials in the field of marketing and believe you would be an excellent candidate for this opportunity. I humbly inquire as to whether you would consider accepting our invitation.

應用範例 2　中文→外文的翻譯

　　第二種應用方式是將中文翻譯成外文。相較於 Google 翻譯或是 DeepL，ChatGPT 具有下列優勢。

　　第一點，翻譯的精確度非常高。前面提過，可翻譯成母語者也覺得很自然的文章。

　　其次，可指定翻譯的語氣。比方說，要翻得正式一點，還是隨興一點，可根據不同的場景選擇適當的用字遣詞，而且還能針對翻譯結果提出「更短一點」、「加入○○」這類需求，針對細節調整。

　　不過，ChatGPT 也有缺點。

第一個缺點是，能翻譯的字數有限。就目前來看，大概只能翻譯 2,500 ～ 3,000 字左右，而且翻譯的速度很慢。雖然付費版的 GPT-3.5 比較快一點，但是免費版或是 GPT-4 有時會需要更多時間才能完成翻譯。

建議大家根據上述的特性，搭配其他的翻譯工具一起使用。具體來說，就是利用現有的翻譯工具翻譯較長的文章，或是進行初步的翻譯，之後再利用 ChatGPT 檢閱與調整語氣，才能提升翻譯效率。

提示詞範例

User 請將下列的文章譯成英文。
請根據「需求」將「中文文章」譯成英文。

需求
·狀況：與生意夥伴首次進行線上會議
·表現更口語
·盡可能將文章寫得簡潔，加快對話節奏
·語氣隨興

文章
你好，我是 Top Runner Marketing 的池田。謝謝您今天撥冗參加會議。

Top Runner Marketing 是於 2020 年成立的公司。主要的業務是促進全世界各業界的龍頭企業，與敝公司的客戶端企業合作，藉此讓客戶端企業的事業蒸蒸日上。

具體的服務是幫忙客戶端企業策劃線上活動，以及尋找講師或是進行翻譯。

 Hello there! This is Ikeda from Top Runner Marketing.

Thank you for taking the time to join our first online meeting with our business partner.

Top Runner Marketing was founded in 2020 with the goal of promoting collaborations between top runners in various industries around the world and our clients, Japanese companies, to support their business growth.

We provide services such as planning and finding speakers for our clients' online events, as well as translation.

▶ 應用範例 3　提升外文資訊收集效率（摘要）

　　第三種使用方法就是提升外文資訊收集效率。有些業界的外文資訊比較豐富，例如科技產業就是如此，而且 ChatGPT 或是生成式 AI 的資訊也通常是英語。不過，若要收集這類外文資訊，往往需要不少時間，而且很麻煩。

　　此時 ChatGPT 的摘要功能可派上用場。ChatGPT 可將

冗長的外文文章以及艱澀的專業資訊整理成容易了解的格式，提升收集這類資訊的效率。

指定摘要的方式就能更快取得需要的資訊。比方說，向 ChatGPT 提出「簡潔地整理出重點」的要求，ChatGPT 就會將資訊整理成適當的格式。

此外，ChatGPT 也能將英語資訊轉換成中文，讓我們快速散播來自英語的資訊。比方說，向 ChatGPT 提出「將下列的英語文章整理成 X 貼文」的問題，ChatGPT 就會將外文的新聞報導整理成中文草稿。

提示詞範例

User 摘要下列文章的重點。

Our mission is to ensure that artificial general intelligence—AI systems that are generally smarter than humans—benefits all of humanity.

If AGI is successfully created, this technology could help us elevate humanity by increasing abundance, turbocharging the global economy, and aiding in the discovery of new scientific knowledge that changes the limits of possibility.

【以下省略】

 The mission is to ensure that the creation of artificial general intelligence benefits all of humanity. If developed successfully, AGI has the potential to increase abundance, turbocharge the economy, aid in scientific discoveries, and provide new capabilities to everyone.

【以下省略】

User 將摘要譯成中文。

 我們的使命是讓比人類更聰明的通用人工智慧（AGI）造福全人類。若能成功打造 AGI，人類的生活將變得更豐富，全球經濟將急速發展，也能發現更多科學知識，創造更多可能性。

【以下省略】

User 請從下列的文章篩出量化資料，再以條列式的方式呈現。

Recent work has demonstrated substantial gains on many NLP tasks and benchmarks by pre-training on a large corpus of text followed by fine-tuning on a specific task. While typically task-agnostic in architecture, this method still requires task-specific fine-tuning datasets of thousands or tens of thousands of examples. By contrast, humans can generally perform a new language

task from only a few examples or from simple
instructions - something which current NLP
systems still largely struggle to do.

【以下省略】

 GPT-3 擁有 1750 億個參數。

比起傳統的非稀疏矩陣，GPT-3 擁有超過 10 倍的
參數。

> 應用範例 4　以聊天的方式練習外文

　　第四種應用方式就是以聊天的方式練習外文。使用
不同的語言談生意時，需要習慣該語言的交流方式，而
ChatGPT 就是最適當的語言練習對象，能幫助我們輕鬆地
以外語交流。

　　ChatGPT 可應付各種狀況以及各種層級的對話。從日
常的對話到商場的正式對話，都能擔任理想的多國語言練習
對象。

　　此外，在聊天結束之後，可以請 ChatGPT 指出錯誤之
處與有待改善之處。如此一來，就不只是聊天，還能回顧自
己的問題，促進學習效率。

　　更重要的是，ChatGPT 是 AI（機械），不管練習再多
次，它都不會覺得厭煩。如果對象是人類的話，想要練習語

言，只能配合對方的時間，而且也不好意思一直拜託對方。但對象是 AI 的話，就不需要顧慮這些，不管是在早上還是在深夜，也不管是一小時還是十小時，ChatGPT 都能一直陪你練習。

提示詞範例

 User 想以英語聊天。

 Chat GPT Of course! I'm ready to chat in English. What would you like to talk about?

 User I want to talk about ai

 Chat GPT Sure, I'd be happy to talk about AI! What specifically would you like to know or discuss about AI?

 User 想在下列的「狀況」練習英語對話。了解的話請回答「Yes」，並且以英語提出一個問題。

＃狀況
・你：知名的行銷專員
・我：希望你擔任線上活動的講師
・商場的開場白
・透過 LinkedIn 傳送訊息與取得反應

Yes. What kind of event are you planning and what would you like me to speak about specifically?

應用範例 5　外文語音練習

第五種應用方式是透過聲音練習外文。使用 Chrome 網頁瀏覽器的擴充功能可輸入語音與朗讀文章。只要使用這個功能就能進行實際的對話練習，而不是透過文章練習對話。

目前最推薦的 Chrome 擴充功能就是「Voice Control for ChatGPT」，這項擴充功能可從 Google Chrome 的線上應用程式商店下載。

安裝這項擴充功能，顯示 ChatGPT 的畫面之後，會新增語音控制按鈕。

將語音朗讀功能設定為 ON，再點選右下角的擴音器圖示。如果斜線消失，代表已設定為 ON。

接著是選擇語言。讓我們設定為「English」。若設定為「中文（台灣）」也能以中文使用這項功能。

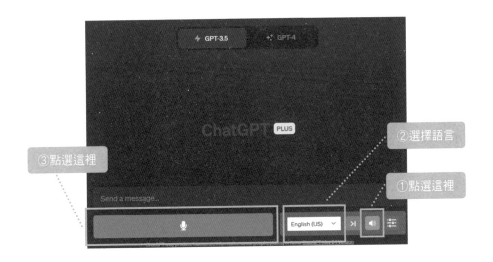

③點選這裡

②選擇語言

①點選這裡

　　點選麥克風圖示可開始輸入語音。再點一次相同的圖示，就能將語音輸入的文章傳送給 ChatGPT。

點選擴音器圖示左邊的跳過圖示,可中途停止語音。

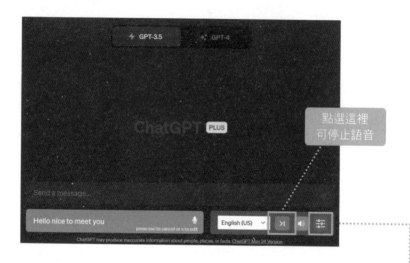

點選右下角的圖示可開啟設定畫面。在這個畫面可調整語音的種類與速度。

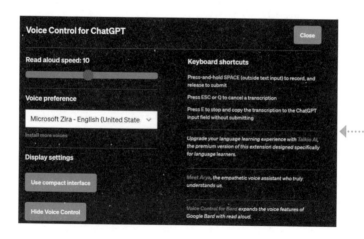

只要使用這項功能,就能像是與人類對話一般,練習外語對話。

ChatGPT 的未來發展與趨勢

感謝各位讀者在百忙之中讀完本書。如果各位能透過本書了解 ChatGPT（生成式 AI）能於哪些商業場景應用，又能開拓何種未來，那將是筆者的無上榮幸。

本書的企劃於 2023 年 3 月啟動，但是在短短幾個月之內，出現了下列的變化。

- **OpenAI 發布了能於 ChatGPT 使用外部服務的「ChatGPT Plugins」。**
- **微軟在 Windows 與 Office 內建了生成式 AI（Copilot）。**
- **微軟發表了於其他公司引進生成式 AI 的平台構思（Copilot Stack）。**
- **Google 發表了與 ChatGPT 相同的聊天機器人「Gemini」。**
- **Amazon 發表了與各家 AI 開發商組成的 AI 平台「Bedrock」。**
- **伊隆・馬斯克（Elon Musk）發表了生成式 AI 企業「TruthGPT」。**

- 日本大型企業（**SMBC**、**Panasonic**、**Benesse**、電通）透過新聞表示將採用 **ChatGPT**

　除了上述的變化之外，應用 ChatGPT 或是生成式 AI 的方式也不斷地進化。就書籍這種媒介而言，無法介紹所有最新的資訊。

　我的 YouTube 頻道「Remote Work 研究所」會隨時發布促進商業發展的最新資訊，各位讀者有興趣的話，不妨來到我的頻道。

　有些讀者或許會在讀完本書之後，想進一步了解該如何應用 ChatGPT，或是想在某些工作中採用生成式 AI，我個人也提供下列這些服務，有興趣的話，歡迎大家聯絡我。

　本書若能幫助大家創造全新的工作方式，進一步發展自己的事業，那將是筆者的望外之喜。

2023 年 6 月　池田朋弘

 ▶ 作者池田先生的聯絡方式！

國家圖書館出版品預行編目資料

ChatGPT 最強實戰工作術：90⁺ 提問模組，速升八大
職能力，每天只上半天班 / 池田朋弘作；許郁文譯. --
初版 . -- 臺北市：三采文化股份有限公司，2024.06
　面；　公分 . -- (iLead；14)
ISBN 978-626-358-385-6(平裝)

1.CST: 人工智慧 2.CST: 工作效率 3.CST: 職場成功
法

494.35　　　　　　　　113004850

suncolor 三采文化

iLead 14

ChatGPT 最強實戰工作術

90⁺ 提問模組，速升八大職能力，每天只上半天班

作者｜池田朋弘　　譯者｜許郁文
專案主編｜李媁婷　　美術主編｜藍秀婷　　封面設計｜李蕙雲
版權部協理｜劉契妙　　內頁排版｜陳佩君　　校對｜黃薇霓

發行人｜張輝明　　總編輯長｜曾雅青　　發行所｜三采文化股份有限公司
地址｜台北市內湖區瑞光路 513 巷 33 號 8 樓
傳訊｜ TEL：（02）8797-1234　FAX：（02）8797-1688　網址｜ www.suncolor.com.tw
郵政劃撥｜帳號：14319060　戶名：三采文化股份有限公司
本版發行｜ 2024 年 6 月 14 日　定價｜ NT$480

ChatGPT SAIKYO NO SHIGOTOJUTSU
Copyright © Tomohiro Ikeda 2023
Chinese translation rights in complex characters arranged with
FOREST PUBLISHING, CO., LTD.
through Japan UNI Agency, Inc., Tokyo

suncolor

suncolor